高等学校理工类课程学习辅导丛书

"十二五"普通高等教育本科国家级规划教材配套参考书

周世勋

量子力学教程（第二版）
学习指导

Liangzi Lixue Jiaocheng (Di Er Ban) Xuexi Zhidao

倪致祥

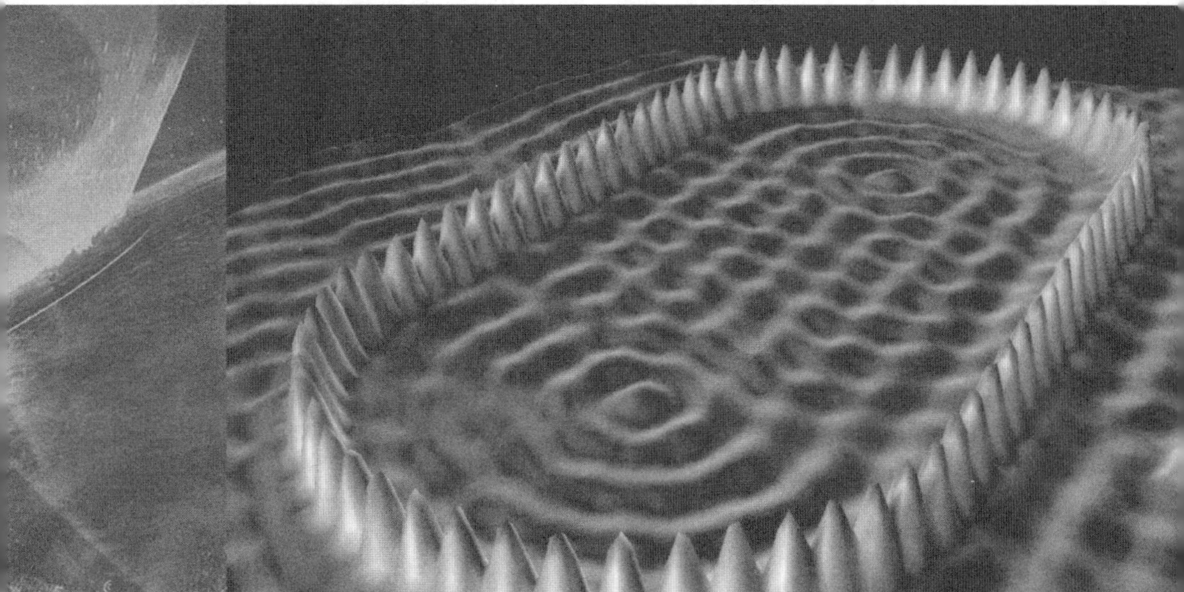

高等教育出版社·北京

内容提要

本书是周世勋编《量子力学教程》(第二版)的学习指导书,作者倪致祥教授长期从事量子力学教学实践和教学研究,我们希望借作者丰富的经验给正在学习或研究量子力学的师生提供一些启发和帮助。

本书完善了学习指导,给出了学习时的主线,并且对教材的内容作了适当的补充。本书注重以明确的解题思路引导学生把握问题关键,以相关的背景知识帮助学生理解量子力学的物理内涵,以多种解法启发学生灵活运用所学知识,以扩展练习来拓展学生的知识面。本书还介绍了 Mathematica 及其在量子力学中的应用,充实了师生处理专业问题的手段。

本书可供使用周世勋编《量子力学教程》(第二版)的学生作为学习辅导书,也可供教师或使用其他量子力学教程的读者及考研学生参考。

图书在版编目(CIP)数据

量子力学教程(第二版)学习指导/倪致祥编. —北京:高等教育出版社,2010.9(2024.12重印)
ISBN 978 − 7 − 04 − 030350 − 6

I. ①量… Ⅱ. ①倪… Ⅲ. ①量子力学 − 高等学校 − 教学参考资料　Ⅳ. ①O413.1

中国版本图书馆 CIP 数据核字(2010)第 160897 号

策划编辑	缪可可	责任编辑	李 茜	封面设计	张 楠	责任绘图	尹 莉
版式设计	范晓红	责任校对	王 雨	责任印制	刁 毅		

出版发行	高等教育出版社	咨询电话	400 − 810 − 0598
社　址	北京市西城区德外大街4号	网　址	http://www.hep.edu.cn
邮政编码	100120		http://www.hep.com.cn
印　刷	涿州市京南印刷厂	网上订购	http://www.landraco.com
开　本	787×960　1/16		http://www.landraco.com.cn
印　张	11.5	版　次	2010年9月第1版
字　数	200 000	印　次	2024年12月第24次印刷
购书热线	010 − 58581118	定　价	24.90元

本书如有缺页、倒页、脱页等质量问题,请到所购图书销售部门联系调换。
版权所有　侵权必究
物　料　号　30350 − B0

作者的话

本书是作者长期从事量子力学教学实践和教学研究的积累,希望能给正在学习量子力学的大学生、为进一步深造而复习量子力学的大学毕业生以及正在从事量子力学教学的新教师提供一些启发和帮助。

本书以周世勋先生的《量子力学教程》(第二版)中的习题为基本分析对象,其内容可以作为学习同类教材时的参考资料,也可以作为考研究生的辅导材料。

本书的主要特色有:

1. 完善了学习指导,一方面给出了学习与复习时的主要线索,另一方面对教材中的内容作了适当的补充。

2. 在习题求解中充实了题意分析和物理讨论,题意分析部分给出了解题的思路,以便初学者从总体上把握问题的关键;物理讨论部分给出了习题的背景知识、相关问题的处理或者物理意义的分析,为读者深入理解量子力学的物理内涵,撰写课程论文或者学年论文提供帮助;在求解过程中给出了多种不同的解法,启发读者从各种角度思维,灵活运用所学知识来解决具体问题。

3. 增加了扩展练习,以弥补教材中习题量偏少,覆盖面不全的缺陷;同时也可以起到拓展知识面与提高应用能力的作用。

4. 介绍了科学计算通用软件 Mathematica 及其在量子力学中的应用,既可以提高读者用现代计算工具来处理专业问题的兴趣和能力,又可以使读者把主要精力集中到问题的物理方面。毕竟量子力学是一门物理课程,而不是数学课程。

作者感谢北京师范大学喀兴林先生的悉心指点,感谢阜阳师范学院马涛教授的有益讨论和胡新建老师的认真核对,同时也感谢高等教育出版社陶铮同志、缪可可同志和李茜同志的辛勤工作。

作者

2010 年 3 月于阜阳师范学院

目 录

第一章 绪论 ·· 1
　§1.1 学习指导 ·· 1
　§1.2 习题分析与求解 ·· 2
　§1.3 扩展练习 ·· 11

第二章 波函数和薛定谔方程 ··· 15
　§2.1 学习指导 ·· 15
　§2.2 习题分析与求解 ·· 19
　§2.3 扩展练习 ·· 35

第三章 量子力学中的力学量 ··· 39
　§3.1 学习指导 ·· 39
　§3.2 习题分析与求解 ·· 44
　§3.3 扩展练习 ·· 68

第四章 态和力学量的表象 ·· 72
　§4.1 学习指导 ·· 72
　§4.2 习题分析与求解 ·· 77
　§4.3 扩展练习 ·· 87

第五章 微扰理论 ·· 90
　§5.1 学习指导 ·· 90
　§5.2 习题分析与求解 ·· 95
　§5.3 扩展练习 ·· 109

第六章 散射 ··· 114
　§6.1 学习指导 ·· 114
　§6.2 习题分析与求解 ·· 117
　§6.3 扩展练习 ·· 130

第七章 自旋与全同粒子 ··· 135
　§7.1 学习指导 ·· 135
　§7.2 习题分析与求解 ·· 140
　§7.3 扩展练习 ·· 154

附录 A　量子力学中常用的数学工具 …………………………………… 159
附录 B　Mathematica 的基本应用 ……………………………………… 165
参考文献 …………………………………………………………………… 176

第一章 绪 论

§1.1 学习指导

本章主要介绍量子力学建立过程中的一些关键性实验和重大理论突破,这些内容对于量子力学基本概念的形成和基本理论的构建非常重要.在学习本章内容时,要特别注意能量子概念的形成、玻尔－索末菲量子化条件的意义和应用以及微观粒子波粒二象性的表示与涵义.

本章的主要知识点有

1. 黑体辐射的普朗克公式

普朗克在维恩公式和瑞利－金斯公式的基础上,用内插法得出了黑体辐射(空腔辐射)的能量密度随着频率 ν 分布的规律

$$\rho_\nu(\nu,T) = \frac{8\pi h\nu^3}{c^3} \frac{1}{e^{h\nu/k_B T} - 1} \tag{1-1}$$

该公式表示单位频率间隔中,黑体辐射的能量密度随频率高低的变化.普朗克公式与实验结果完全一致,但是在经典物理学中却无法解释.对普朗克公式的深入分析表明:空腔中的电磁辐射能量不是连续的,而是量子化的.频率为 ν 的电磁辐射能量有一个最小单位 $\varepsilon = h\nu$,称为能量子,其中 $h = 6.626 \times 10^{-34}$ J·s 称为普朗克常量.电磁能量的变化量只能是能量子的整数倍.

2. 玻尔－索末菲的量子化条件

量子化现象不仅存在于电磁辐射中,也存在于电子等实体粒子中;不仅存在于简谐振动、氢原子等情况,也存在于其他束缚态;不仅存在于能量中,也存在于其他力学量的取值中.量子化是微观运动的普遍特征,通过对实验结果的分析,玻尔和索末菲发现一个周期系统的广义坐标 q 和对应的广义动量 p 满足如下量子化条件

$$\oint p\,dq = nh, \quad n \in \mathbf{N} \tag{1-2}$$

后来发现微观系统的基态存在着零点能量,上式又修正为

$$\oint p\,dq = \left(n + \frac{1}{2}\right)h, \quad n \in \mathbf{N} \tag{1-3}$$

量子化条件虽然在经典物理学中找不到理论依据,但可以统一给出不同微观系统中能量的量子化数值,并得到了实验的支持. 在量子力学建立之前,量子化条件对人们认识微观现象起了重要的作用.

3. 波粒二象性的德布罗意公式

能量子发现后,爱因斯坦通过对普朗克公式和光电效应等问题的研究,进一步发现电磁辐射不仅在能量取值上具有粒子性,而且在空间分布上也具有粒子性. 这种电磁粒子具有独立的能量和动量,后来被称为光子. 电磁辐射的粒子性与波动性并不排斥,它们都是电磁辐射的表现形式,两者之间具有关系

$$\begin{cases} E = h\nu = \hbar\omega \\ \boldsymbol{p} = h\boldsymbol{n}/\lambda = \hbar\boldsymbol{k} \end{cases} \quad (1\text{-}4)$$

其中 E 和 $\boldsymbol{p}$ 表示电磁辐射的能量和动量,λ、ν、ω 和 $\boldsymbol{k}$ 分别表示电磁辐射的波长、频率、圆频率和波矢量,$\boldsymbol{n}$ 为波矢量方向的单位矢量,$\hbar = h/(2\pi)$ 称为狄拉克常量(约化的普朗克常量).

后来,德布罗意发现(1-4)式也适用于电子等实体粒子,并得到了电子衍射实验的支持,成为人类认识微观对象的有力工具,公式(1-4)也被称为德布罗意关系.

在一般情况下,质量为 m 的粒子的动能 E 为总能量 mc^2 与静质量能 m_0c^2 之差,即

$$E = mc^2 - m_0c^2$$

其中质量 m 与静止质量 m_0 之间的关系为 $m = m_0/\sqrt{1-v^2/c^2}$. 而动量为 $p = mv$,由此得到

$$m_0^2 c^2 = m^2c^2 - m^2v^2 = m^2c^2 - p^2$$

于是可推出动量与动能之间的一般关系

$$p^2 = m^2c^2 - m_0^2c^2 = (E/c + m_0c)^2 - m_0^2c^2 = (E/c)^2 + 2m_0E \quad (1\text{-}5)$$

利用(1-5)式,我们容易根据粒子的动能计算出它的德布罗意波长. 在极端相对论情况下,例如光子,有 $E \gg m_0c^2$,(1-5)式近似为 $p = E/c$;在非相对论情况下,例如低速电子,有 $E \ll m_0c^2$,(1-5)式近似为 $p = \sqrt{2m_0E}$.

德布罗意公式说明了微观物体同时具有波动性和粒子性,简称波粒二象性. 波长越长,对应的波动性效应越显著;波长越短,对应的粒子性效应越显著.

§1.2 习题分析与求解

1.1 由黑体辐射公式导出维恩位移定律:能量密度极大值所对应的波长

λ_m 与温度 T 成反比,即
$$\lambda_m T = b(常量)$$
并近似计算 b 的数值,准确到二位有效数字.

【题意分析】

已知条件:单位频率间隔中,黑体辐射的能量密度 ρ 的分布规律,即普朗克公式(1-1).

待求问题:能量密度极大值所对应的波长 λ_m 与温度 T 的关系,即黑体辐射的能量密度 ρ 随着波长 λ 分布的函数 $\rho_\lambda(\lambda,T)$ 取极大值时,对应的波长 $\lambda_m(T)$.

相互联系:黑体辐射是电磁波,其波动性既可以用频率来描述,也可以用波长来描述. 波长与频率满足关系

$$\lambda \nu = c \tag{1.1-1}$$

无论是用频率来描述黑体辐射能量密度的分布,还是用波长来描述黑体辐射能量密度的分布,在同一个波段范围内的能量密度是不变的. 设该波段范围介于频率 ν 与 $\nu + d\nu$ 之间,频率间隔为 $d\nu$,其中包含的能量密度为 $\rho_\nu(\nu,T)d\nu$;用波长来描述,波段范围介于波长 λ 与 $\lambda + d\lambda$ 之间,其中包含的能量密度为 $-\rho_\lambda(\lambda,T)d\lambda$(考虑到波长为频率的减函数,与此相应的波长间隔为 $\lambda - (\lambda + d\lambda) = -d\lambda$). 由于两者描述的是同一个波段范围内的能量密度,因此有

$$\rho_\lambda(\lambda,T)d\lambda = -\rho_\nu(\nu,T)d\nu \tag{1.1-2}$$

【求解过程】

首先利用波长与频率的关系,求出黑体辐射的能量密度 ρ 随着波长 λ 分布的函数

$$\begin{aligned}\rho_\lambda(\lambda,T) &= -\rho_\nu(\nu,T)\frac{d\nu}{d\lambda} = -\rho_\nu\left(\frac{c}{\lambda},T\right)\frac{d}{d\lambda}\left(\frac{c}{\lambda}\right) \\ &= \frac{8\pi h\left(\frac{c}{\lambda}\right)^3}{c^3}\frac{1}{e^{hc/\lambda k_B T}-1}\left(\frac{c}{\lambda^2}\right) = \frac{8\pi hc}{\lambda^5}\frac{1}{e^{hc/\lambda k_B T}-1}\end{aligned} \tag{1.1-3}$$

(1.1-3)式表示单位波长间隔中,黑体辐射的能量密度随波长的变化.

然后对上述函数求极大值对应的波长. 按照数学分析中的极大值条件,要求

能量密度 $\rho(\lambda,T)$ 对分布参数 λ 的一阶导数为零,即

$$\frac{\mathrm{d}}{\mathrm{d}\lambda}\rho(\lambda,T) = -5 \times \frac{8\pi hc}{\lambda^6}\frac{1}{\mathrm{e}^{hc/\lambda k_B T}-1} + \frac{8\pi hc}{\lambda^5}\frac{1}{(\mathrm{e}^{hc/\lambda k_B T}-1)^2}\frac{hc}{\lambda^2 k_B T}\mathrm{e}^{hc/\lambda k_B T}$$

$$= \frac{8\pi hc}{\lambda^6}\frac{1}{(\mathrm{e}^{hc/\lambda k_B T}-1)^2}\left[-5(\mathrm{e}^{hc/\lambda k_B T}-1) + \frac{hc}{\lambda k_B T}\mathrm{e}^{hc/\lambda k_B T}\right] = 0$$

(1.1-4)

上面的条件可以简化为

$$-5(\mathrm{e}^x - 1) + x\mathrm{e}^x = 0 \quad \text{或者} \quad f(x) = -5(1-\mathrm{e}^{-x}) + x = 0 \quad (1.1\text{-}5)$$

其中 $x = hc/(\lambda k_B T)$. 设 x_1 为方程(1.1-5)的根,我们得到能量密度极大值所对应的波长为

$$\lambda_m = \frac{hc}{x_1 k_B T} = \frac{b}{T}, \quad b = \frac{hc}{x_1 k_B} \quad (1.1\text{-}6)$$

方程(1.1-5)为超越方程,无法用解析的方法严格求解,需要借助数值方法. 人工数值求解方程的方法有两分法和牛顿切线法等,但用计算机处理更加方便快捷. 利用科学计算工具软件 Mathematica(见附录 B),输入求解一般方程的命令

```
FindRoot[ -5 (1-Exp[ -x]) +x ==0,{x,10}]
```

立刻得到 $x = 4.965\,11$,由此求出常量 $b = hc/x_1 k_B = 0.002\,899\,1$ m·K.

【物理讨论】

如果先对普朗克公式(1-1)求出能量密度分布极大值所对应的频率 ν_m,再根据波长与频率的关系求出 $\lambda_m = c/\nu_m$,则不符合本题要求. 因为这样得到的是单位频率间隔中能量密度极大时所对应的波长,而本题要求计算的是单位波长间隔中能量密度极大时所对应的波长. 即使都用波长为参数来描述,单位频率间隔与单位波长间隔所包含的电磁辐射能量密度也是不相同的,前者是 $\rho_\nu\left(\frac{c}{\lambda},T\right)$,而后者是 $\rho_\lambda(\lambda,T)$.

1.2 在 0 K 附近,钠的价电子动能约为 3 eV,求其德布罗意波长.

【题意分析】

已知条件:钠的价电子动能 $E \approx 3$ eV.

待求问题：价电子的德布罗意波长 $\lambda = h/p$. (1.2-1)

相互联系：电子的动量 p 与动能 E 与之间满足

$$p^2 = (E/c)^2 + 2m_e E \tag{1.2-2}$$

【求解过程】

解一：

首先判断钠的价电子属于哪种情况，是否可以用非相对论近似. 价电子动能 $E \approx 3 \text{ eV}$，静质量能为 $m_e c^2 = 5.11 \times 10^5 \text{ eV}$，$E \ll m_e c^2$，属于非相对论情况，(1.2-2)式近似为

$$p = \sqrt{2m_e E} \tag{1.2-3}$$

将结果代入德布罗意波长公式，得到

$$\lambda = \frac{h}{p} = \frac{h}{\sqrt{2m_e E}} = \frac{1.226\,43 \times 10^{-9}}{\sqrt{3}} = 7.08 \times 10^{-10} \text{ m} \tag{1.2-4}$$

解二：

直接利用一般公式(1.2-2)，得到德布罗意波长

$$\lambda = \frac{h}{p} = \frac{h}{\sqrt{(E/c)^2 + 2m_e E}} = \frac{hc}{\sqrt{E^2 + 2m_e c^2 E}} = 7.08 \times 10^{-10} \text{ m} \tag{1.2-5}$$

【物理讨论】

从数值上看，德布罗意波长计算的非相对论近似结果与精确公式处理结果没有差别，这是因为相对误差非常小的缘故. 非相对论近似的条件为 $E \ll m_e c^2$，由此产生的相对误差大约为 $E:m_e c^2 = 3:5.11 \times 10^5 = 5.87 \times 10^{-6}$（数量级）.

1.3 氦原子的动能是 $E = \frac{3}{2}k_B T$（k_B 为波尔兹曼常量），求 $T = 1 \text{ K}$ 时，氦原子的德布罗意波长.

【题意分析】

已知条件：氦原子的静质量为 4.002 6 个相对原子质量，即

$$m_{\text{He}} = 4.002\,6 \times 1.66 \times 10^{-27} \text{ kg} = 6.64 \times 10^{-27} \text{ kg} \tag{1.3-1}$$

动能是 $E = \frac{3}{2}k_B T = \frac{3}{2} 8.61734 \times 10^{-5} T \text{ eV} \cdot \text{K}^{-1} = 1.2926 \times 10^{-4} T \text{ eV} \cdot \text{K}^{-1}$.

待求问题：氦原子的德布罗意波长.

相互联系：德布罗意关系 $\lambda = h/p$，而电子的动量 p 与动能 E 与之间满足

$$p = \sqrt{(E/c)^2 + 2m_{He} E} \tag{1.3-2}$$

【求解过程】

首先判断 $T = 1$ K 时氦原子属于哪种情况. 氦原子动能 $E = 1.2926 \times 10^{-4}$ eV，静质量能为 $m_{He} c^2 = 5.97 \times 10^{-10}$ J $= 3.73 \times 10^9$ eV，$E \ll m_{He} c^2$，属于非相对论情况，于是有 $p = \sqrt{2 m_{He} E}$.

将结果代入德布罗意波长公式，得到

$$\lambda = \frac{h}{p} = \frac{h}{\sqrt{2 m_{He} E}} = \frac{h}{\sqrt{3 m_{He} k_B T}}$$

$$= \frac{6.626 \times 10^{-34}}{\sqrt{3 \times 6.64 \times 10^{-27} \times 1.38 \times 10^{-23}}} \text{ m} = 1.26 \times 10^{-9} \text{ m} \tag{1.3-3}$$

【物理讨论】

粒子的德布罗意波长随着粒子质量或者温度的降低而变长，波动性增强. 在温度接近绝对零度时，粒子的德布罗意波长可能会达到粒子之间平均距离的数量级，这时经典的统计力学理论不再适用.

如果要在宏观尺度上观察到氦原子的波动效应，其德布罗意波长应该到达微米数量级以上，即 $\lambda \sim 1.26 \times 10^{-6}$ m，这要求温度不大于 10^{-6} K.

1.4 利用玻尔-索末菲的量子化条件，求：

（1）一维谐振子的能量；

（2）在均匀磁场中做圆周运动的电子轨道的可能半径.

已知外磁场 $H = 10$ T（特斯拉），玻尔磁子 $M_B = 9 \times 10^{-24}$ J/T，试计算动能的量子化间隔 ΔE，并与 $T = 4$ K 及 $T = 100$ K 的热运动能量相比较.

（1）一维谐振子的能量

【题意分析】

已知条件：一维谐振子的坐标和动量 (x, p) 满足量子化条件 (1-3).

待求问题：一维谐振子的能级 E_n.

相互联系：能量表达式为

$$E = \frac{1}{2m}p^2 + \frac{1}{2}m\omega^2 x^2 \tag{1.4-1}$$

其中 m 为振子质量，ω 为振动的圆频率.

【求解过程】

解一：

由能量表达式得到坐标的取值范围是 $[-x_m, x_m]$，其中 $x_m = \sqrt{2E/m\omega^2}$. 振子的坐标从最小值运动到最大值之后，再回到最小值时，完成了一个运动周期，因此 $\pm x_m$ 也称为经典运动的转向点. 动量为 $p = \pm\sqrt{2mE - m^2\omega^2 x^2}$，当 x 从最小值运动到最大值时，动量为正；从最大值运动到最小值时，动量为负.

将上述分析的结果代入量子化条件(1-3)后，得到

$$\begin{aligned}\oint p\,dx &= \int_{-x_m}^{x_m}\sqrt{2mE - m^2\omega^2 x^2}\,dx - \int_{x_m}^{-x_m}\sqrt{2mE - m^2\omega^2 x^2}\,dx \\ &= 2\int_{-x_m}^{x_m}\sqrt{2mE - m^2\omega^2 x^2}\,dx = \left(n + \frac{1}{2}\right)h\end{aligned} \tag{1.4-2}$$

在上式中令 $\xi = m\omega x/\sqrt{2mE}$，得到

$$\frac{4E}{\omega}\int_{-1}^{1}\sqrt{1-\xi^2}\,d\xi = \frac{2\pi E}{\omega} = \left(n + \frac{1}{2}\right)h \tag{1.4-3}$$

即

$$E = \left(n + \frac{1}{2}\right)\hbar\omega, \quad \hbar = \frac{h}{2\pi} \tag{1.4-4}$$

解二：

由能量表达式(1.4-1)容易看出，一维谐振子在相空间中的运动轨迹为椭圆，方程为

$$\frac{p^2}{2mE} + \frac{x^2}{2E/m\omega^2} = 1 \tag{1.4-5}$$

椭圆的长半轴和短半轴分别为 $a = \sqrt{2mE}$ 和 $b = \sqrt{2E/m\omega^2}$. 而根据(1.4-2)式，等式的左边恰好是椭圆的面积，即

$$\oint p\mathrm{d}x = \pi ab = 2\pi E/\omega = \left(n + \frac{1}{2}\right)h \qquad (1.4\text{-}6)$$

于是得到

$$E = \left(n + \frac{1}{2}\right)\hbar\omega \qquad (1.4\text{-}7)$$

解三：

一维谐振子的运动学方程为 $x = A\sin(\omega t + \varphi)$，动量为 $p = m\dot{x} = m\omega A\cos(\omega t + \varphi)$，运动周期为 $T = 2\pi/\omega$，代入量子化条件(1-3)，得到

$$\begin{aligned}\oint p\mathrm{d}x &= \int_0^T m\omega A\cos(\omega t + \varphi)\mathrm{d}A\sin(\omega t + \varphi) \\ &= \frac{1}{2}m\omega^2 A^2 \cdot T = \pi m\omega A^2 = \left(n + \frac{1}{2}\right)h\end{aligned} \qquad (1.4\text{-}8)$$

将运动学方程代入能量表达式，得到

$$\begin{aligned}E &= \frac{1}{2m}p^2 + \frac{1}{2}m\omega^2 x^2 \\ &= \frac{1}{2m}m^2\omega^2 A^2\cos^2(\omega t + \varphi) + \frac{1}{2}m\omega^2 A^2\sin^2(\omega t + \varphi) = \frac{1}{2}m\omega^2 A^2\end{aligned}$$

$$(1.4\text{-}9)$$

比较上面的两个式子，得到

$$E = \frac{1}{2}m\omega^2 A^2 = \frac{\left(n + \frac{1}{2}\right)h\omega}{2\pi} = \left(n + \frac{1}{2}\right)\hbar\omega \qquad (1.4\text{-}10)$$

（2）在均匀磁场中做圆周运动的电子轨道的可能半径

【题意分析】

已知条件：电子的坐标 r 和动量 p 满足量子化条件(1-3)式；在电磁场中，带电粒子的动量应该取正则动量 $p = m\boldsymbol{v} + q\boldsymbol{A}$，其中 $\boldsymbol{A}$ 为磁场的矢势，满足关系 $\nabla \times \boldsymbol{A} = \boldsymbol{B}$，对于电子有 $\boldsymbol{p} = m\boldsymbol{v} - e\boldsymbol{A}$。

待求问题：电子轨道的可能半径 r_n。

相互联系：圆周运动的条件 $mv^2/r = F_n$ 和洛伦兹公式 $\boldsymbol{F} = q\boldsymbol{v} \times \boldsymbol{B}$。

【求解过程】

设磁场方向沿着 z 轴正向，即磁感应强度 $\boldsymbol{B} = B\boldsymbol{k}$；电子在垂直磁场的平面内

做圆周运动,我们设运动平面为 Oxy 平面,圆周运动的圆心为原点,半径为 r,电子的坐标为 $\boldsymbol{r} = r(\cos\varphi\boldsymbol{i} + \sin\varphi\boldsymbol{j})$,速度为 $\boldsymbol{v} = r\dot{\varphi}(-\sin\varphi\boldsymbol{i} + \cos\varphi\boldsymbol{j})$.

由洛伦兹公式得到

$$\boldsymbol{F} = -er\dot{\varphi}(-\sin\varphi\boldsymbol{i} + \cos\varphi\boldsymbol{j}) \times B\boldsymbol{k} = -e\dot{\varphi}B\boldsymbol{r} \tag{1.4-11}$$

代入圆周运动的条件后,得到

$$mr\dot{\varphi}^2 = e\dot{\varphi}rB \Rightarrow \dot{\varphi} = eB/m \tag{1.4-12}$$

利用上面的关系,不难算出

$$\oint \boldsymbol{p} \cdot d\boldsymbol{r} = \oint m\boldsymbol{v} \cdot d\boldsymbol{r} - \oint e\boldsymbol{A} \cdot d\boldsymbol{r} = \oint mr^2\dot{\varphi}d\varphi - e\iint \boldsymbol{\nabla} \times \boldsymbol{A} \cdot d\boldsymbol{S}$$

$$= \oint r^2 eB d\varphi - e\iint \boldsymbol{B} \cdot d\boldsymbol{S} = 2\pi r^2 eB - e\pi r^2 B = \pi r^2 eB$$

$$\tag{1.4-13}$$

推导中利用了曲线积分的斯托克斯公式(附录 A).

将上面的结果代入量子化条件(1-3)后,得到

$$\pi r^2 eB = \left(n + \frac{1}{2}\right)h, \quad n \in \mathbf{N}$$

即

$$r^2 = \left(n + \frac{1}{2}\right)\frac{h}{\pi eB} = \left(n + \frac{1}{2}\right)\frac{2\hbar}{eB} = (2n+1)\frac{\hbar}{eB}, \quad n \in \mathbf{N}$$

$$\tag{1.4-14}$$

而电子的动能为

$$E = \frac{m}{2}v^2 = \frac{m}{2}(r\dot{\varphi})^2 = \frac{m}{2}\left(\frac{reB}{m}\right)^2 = (2n+1)\frac{\hbar eB}{2m} = (2n+1)M_B B$$

$$\tag{1.4-15}$$

其中 $M_B = \hbar e/(2m)$ 为玻尔磁子. 电子动能的量子化间隔为

$$\Delta E = 2M_B B = 2 \times 9 \times 10^{-24} \times 10 \text{ J} = 1.8 \times 10^{-22} \text{ J} \tag{1.4-16}$$

而温度为 T 时的热运动能量为

$$E = \frac{3}{2}k_B T = 1.5 \times 1.38 \times 10^{-23} T \text{ J} \cdot \text{K}^{-1} \approx 2.1 \times 10^{-23} T \text{ J} \cdot \text{K}^{-1}$$

$$\tag{1.4-17}$$

【物理讨论】

由上面的结果容易看出,当 $T = 4$ K 时,热运动能量为 8.4×10^{-23} J,小于电子动能的量子化间隔,在这种情况下,能量的量子化效应非常显著;当 $T = 100$ K 时,热运动能量为 2.1×10^{-21} J,大于电子动能的量子化间隔,这时能量的量子化效应不明显.

1.5 两个光子在一定条件下可以转化为正负电子对. 如果两光子的能量相等,问要实现这种转化,光子的波长最大是多少?

【题意分析】

已知条件:正电子或负电子的静止质量为 $m_e = 9.11 \times 10^{-31}$ kg,静质量能为 $m_e c^2 = 5.11 \times 10^5$ eV,单个光子的能量 $E_\gamma = h\nu$.

待求问题:两个能量相等的光子转化为正负电子对的波长条件.

相互联系:波长与频率的关系 $\nu\lambda = c$;转化前后的能量守恒,即 $2E_\gamma = E$.

【求解过程】

正负电子对的总能量不小于静止质量,即 $E \geqslant 2m_e c^2$,因此得到

$$2h\nu = E \geqslant 2m_e c^2 \Rightarrow \nu \geqslant m_e c^2/h \tag{1.5-1}$$

考虑到波长与频率的关系,上式化为

$$\lambda = \frac{c}{\nu} \leqslant \frac{h}{m_e c} = \lambda_C = 2.426 \times 10^{-12} \text{ m} \tag{1.5-2}$$

这表明两个能量相等的光子要转化为正负电子对,其波长不能超过电子的康普顿波长 λ_C.

【物理讨论】

(1.5-2)式给出的是转化前光子波长的最大值,在一般情况下转化后的正负电子不会静止,还具有一定的动能,因此光子的实际波长应该小于这个最大值.

类似地,两个能量相等的光子也可以转化为其他正负粒子对,例如转化为正负质子对,这时光子的波长不能超过质子的康普顿波长 $h/(m_p c)$.

需要指出的是:在求解过程中我们没有考虑正负电子之间的电势能,这是因为电势能的大小 $|U| \leqslant e_s^2/\lambda_C < 300$ eV,远远小于电子的静质量能 5.11×10^5 eV.

§1.3 扩展练习

E1.1 假设太阳表面可以看成温度大约为 $T=6\,000$ K 的黑体,计算在太阳的辐射中,可见光范围内的能量占总能量的百分比.

【提示】 在太阳辐射中,可见光的频率范围是 $[\nu_1,\nu_2]$,其中 $\nu_1=3.95\times 10^{14}$ Hz, $\nu_2=7.50\times 10^{14}$ Hz,利用普朗克公式(1-1),在可见光范围内的能量密度为

$$u_{\text{可}} = \int_{\nu_1}^{\nu_2} \frac{8\pi\nu^2}{c^3}\frac{h\nu}{e^{h\nu/k_B T}-1}d\nu \tag{E1.1-1}$$

太阳辐射的总能量密度为

$$u_{\text{总}} = \int_0^\infty \frac{8\pi\nu^2}{c^3}\frac{h\nu}{e^{h\nu/k_B T}-1}d\nu \tag{E1.1-2}$$

两者之比为

$$\frac{u_{\text{可}}}{u_{\text{总}}} = \int_{\nu_1}^{\nu_2}\frac{\nu^3 d\nu}{e^{h\nu/k_B T}-1}\bigg/\int_0^\infty \frac{\nu^3 d\nu}{e^{h\nu/k_B T}-1}=0.431\,3 \tag{E1.1-3}$$

上式表明,太阳的辐射能中有近二分之一集中在可见光频段.

E1.2 求波长为 25 nm 紫外线光子的能量和动量.

【提示】 由德布罗意关系(1-4),可以得到该光子能量和动量分别为

$$\varepsilon = h\nu = hc/\lambda \quad \text{和} \quad p = h/\lambda$$

E1.3 求静止电子经电压 $U(\text{V})$ 加速后,德布罗意波长随着加速电压变化的关系.

【提示】 电子的静质量能为 $m_e c^2 = 5.11\times 10^5$ eV,静止电子经加速后的动能为 $E=eU$,由于题目没有给出加速电压的具体大小,无法判断电子动能与静质量能的大小关系,因此需要考虑普遍情况.

在一般情况下,动量与动能的关系满足(1-5)式,代入德布罗意公式后,得到

$$\lambda = \frac{h}{p} = \frac{h}{\sqrt{(E/c)^2+2m_e E}} = \frac{hc}{\sqrt{E^2+2m_e c^2 E}} = \frac{hc}{\sqrt{(eU)^2+2m_e c^2 eU}}$$

$$\tag{E1.3-1}$$

上式给出了德布罗意波长与电子加速电压的函数关系.

以康普顿波长 $\lambda_C = h/(m_e c) = 2.426 \times 10^{-12}$ m 为波长单位,上式可以化为量纲一的形式:

$$\frac{\lambda}{\lambda_C} = \frac{\lambda m_e c}{h} = \frac{1}{\sqrt{\left(\dfrac{eU}{m_e c^2}\right)^2 + \dfrac{2eU}{m_e c^2}}} \qquad (\text{E1.3-2})$$

以 $m_e c^2/e = 5.11 \times 10^5$ V 为电压单位,$u = U/(m_e c^2/e)$ 为量纲一的电压,得到

$$\frac{\lambda}{\lambda_C} = \frac{1}{\sqrt{u^2 + 2u}} \qquad (\text{E1.3-3})$$

利用科学计算工具软件 Mathematica 的绘图命令

`Plot[1/Sqrt[u^2 + 2 u],{u,0,1}]`

得到电子德布罗意波长与加速电压的函数图像(图 1-1).

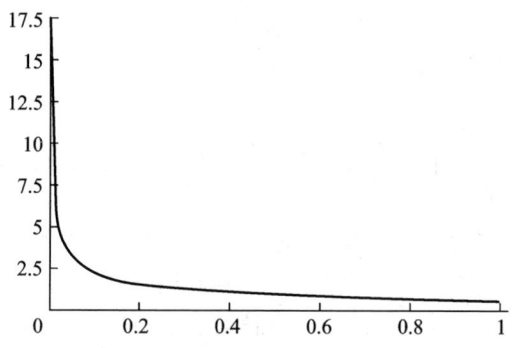

图 1-1 电子德布罗意波长与加速电压的函数关系

E1.4 用量子化条件求势场 $U(x) = U_0 \cot^2 kx, 0 < x < \pi/k$ 中粒子的能谱.

【提示】 粒子在势阱 $U(x)$ 中作束缚运动,动量为 $p = \pm\sqrt{2m[E_n - U(x)]}$. 由转向点条件 $E_n - U(x) = 0$,得到 $a = \dfrac{1}{k}\cot^{-1}\sqrt{E_n/U_0}$,$b = \dfrac{1}{k}\pi - a$. 利用玻尔 – 索末菲量子化条件,得到

$$2\int_a^b \sqrt{2m[E_n - U_0 \cot^2 kx]}\,\mathrm{d}x = \left(n + \frac{1}{2}\right)h \qquad (\text{E1.4-1})$$

以 $\xi = kx$ 为变量,上式可以化简为

$$2\sqrt{2mU_0}\int_{\cot^{-1}\varepsilon}^{\pi-\cot^{-1}\varepsilon} \sqrt{\varepsilon^2 - \cot^2\xi}\,\mathrm{d}\xi = \left(n + \frac{1}{2}\right)hk, \quad \varepsilon = \sqrt{E_n/U_0}$$

$$(\text{E1.4-2})$$

经过仔细计算,最后得到

$$E_n = \frac{\hbar^2 k^2}{2m}\left\{\left[\sqrt{u_0} + \left(n + \frac{1}{2}\right)\right]^2 - u_0\right\}, \quad u_0 = \frac{2mU_0}{\hbar^2 k^2} \quad (\text{E1.4-3})$$

E1.5 设在第 n 个能级中,粒子的能量为 $E_n, n \geq 0$,运动周期为 τ_n,用量子化条件证明 $\tau_n \dfrac{\mathrm{d}E_n}{\mathrm{d}n} = h$.

【提示】 粒子的运动周期为

$$\tau_n = \int_0^{\tau_n}\mathrm{d}t = \oint\frac{\mathrm{d}x}{v} = 2\int_a^b\frac{\mathrm{d}x}{v} \quad (\text{E1.5-1})$$

其中 v 为速度,$a, b\ (a < b)$ 为运动的转向点. 利用量子化条件

$$2\int_a^b\sqrt{2m[E_n - U(x)]}\,\mathrm{d}x = \left(n + \frac{1}{2}\right)h \quad (\text{E1.5-2})$$

上式两边对 n 求导,得到

$$\frac{\mathrm{d}E_n}{\mathrm{d}n}\int_a^b\frac{2m}{\sqrt{2m[E_n - U(x)]}}\mathrm{d}x = \frac{\mathrm{d}E_n}{\mathrm{d}n}\int_a^b\frac{2}{v}\mathrm{d}x = \frac{\mathrm{d}E_n}{\mathrm{d}n}\cdot\tau_n = h$$

$$(\text{E1.5-3})$$

E1.6 用量子化条件和位力定理求势场 $U(x) = U_0 x^\nu$ 中粒子的能谱形式.

【提示】 按位力定理,在一维束缚运动中动能 T 与势能 $U(x)$ 的周期平均值满足条件 $2\overline{T} = \overline{xU'(x)}$,在本题的情况下成为 $2\overline{T} = \nu\,\overline{U(x)}$. 在第 n 个能级,$E_n = \overline{T} + \overline{U(x)}$,应用位力定理后得到 $\overline{T} = \dfrac{\nu}{\nu + 2}E_n$.

利用量子化条件,动能的周期平均值为

$$\overline{T} = \frac{\int_0^\tau\frac{1}{2m}p^2\mathrm{d}t}{\tau} = \frac{\int_0^\tau pv\,\mathrm{d}t}{2\tau} = \frac{\int_a^b p\,\mathrm{d}x}{\tau} = \frac{\frac{1}{2}\left(n + \frac{1}{2}\right)h}{\tau} = \frac{1}{2}\left(n + \frac{1}{2}\right)\frac{\mathrm{d}E_n}{\mathrm{d}n}$$

$$(\text{E1.6-1})$$

在最后一步利用了上题的结果.

由此得到

$$\frac{1}{2}\left(n + \frac{1}{2}\right)\frac{\mathrm{d}E_n}{\mathrm{d}n} = \frac{\nu}{\nu + 2}E_n \quad (\text{E1.6-2})$$

解上面的微分方程,得到

$$E_n = E_0(2n+1)^{\frac{2\nu}{\nu+2}} \qquad (\text{E1.6-3})$$

E1.7 粒子在对称势场中运动,已知粒子的能谱为 $E_n, n \in \mathbf{N}$,利用量子化条件求势能 $U(x)$ 的形式. 假定当 $x>0$ 时,$U'(x) > 0$.

【提示】 量子化条件为 $2\int_a^b \sqrt{2m[E_n - U(x)]}\,\mathrm{d}x = \left(n + \dfrac{1}{2}\right)h$,其中 a,b 为转向点. 利用势能的对称性 $U(-x) = U(x)$,得到 $a = -b < 0$,量子化条件成为

$$4\int_0^b \sqrt{2m[E_n - U(x)]}\,\mathrm{d}x = \left(n + \dfrac{1}{2}\right)h \qquad (\text{E1.7-1})$$

上式可以看成是一个关于势能 $U(x)$ 的积分方程. 根据假设,$U(x)$ 在积分区间内单调增加,这时可以求出势能的反函数

$$x(U) = \dfrac{\hbar}{\sqrt{2m}} \int_{E_0}^{U} \dfrac{\mathrm{d}E}{\dfrac{\mathrm{d}E}{\mathrm{d}n}\sqrt{U-E}} \qquad (\text{E1.7-2})$$

第二章 波函数和薛定谔方程

§2.1 学习指导

本章主要介绍微观粒子运动状态的描述方法、演化规律以及由此带来的新特点,并以一维情况作例子进行具体说明.

根据实验,微观粒子具有波粒二象性. 经典波一般用振幅 $A(\boldsymbol{r},t)$ 与相位 $\varphi(\boldsymbol{r},t)$ 来描述,它们可以统一写为 $\Psi(\boldsymbol{r},t) = A(\boldsymbol{r},t)\mathrm{e}^{\mathrm{i}\varphi(\boldsymbol{r},t)}$,在量子力学中沿用坐标与时间的复值函数 $\Psi(\boldsymbol{r},t)$ 来描述微观粒子的运动状态,称为波函数. 经典情况下,模方 $|\Psi(\boldsymbol{r},t)|^2$ 表示波的强度;量子情况下,$|\Psi(\boldsymbol{r},t)|^2$ 表示粒子出现的概率密度,因此需要把波函数归一化.

波函数随时间的变化由薛定谔方程确定. 按照波函数的演化形式,粒子运动可以分为定态和非定态. 在定态中,粒子的概率密度不随时间变化. 按照定态波函数的空间形式,粒子运动可以分为束缚态和非束缚态. 在束缚态中,粒子的能量取离散值,形成能级,可以很好地说明原子光谱. 散射态是典型的非束缚态,可以用来描述粒子之间的碰撞,解释微观粒子的隧穿现象.

真实的物理空间是三维的,但是当系统具有某些对称性时,可以约化为一维问题,例如中心势场中粒子的径向运动. 近来,实验中也制备出了某些类型的一维量子力学系统. 一维薛定谔方程容易求解,便于初学者理解量子力学的基本概念、熟悉常用方法和领会核心思想.

本章的主要知识点有

1. 微观粒子运动状态的描述

(1) 波函数

波函数 $\Psi(\boldsymbol{r},t)$ 是描述微观粒子状态的复值函数,波函数需要满足的标准条件为单值性、连续性和有界性. 实际体系的波函数满足平方可积条件,即

$$\iiint |\Psi(\boldsymbol{r},t)|^2 \mathrm{d}\tau = N^2 < \infty.$$

(2) 波函数的意义

波函数的模方

$$w(\boldsymbol{r},t) = |\Psi(\boldsymbol{r},t)|^2 \tag{2-1}$$

给出 t 时刻粒子出现在位置 r 邻域单位体积内的概率,即概率密度.

因此,标准的波函数应该是归一化的,即满足归一化条件

$$\iiint |\Psi(r,t)|^2 d\tau = 1 \tag{2-2}$$

未归一化的波函数可以通过乘以一个归一化因子来实现归一化.

(3) 波函数的性质

波函数 $\Psi(r,t)$ 满足叠加原理,如果 $\Psi_i(r,t), i = 1,2,\cdots$ 为微观粒子的可能状态,则

$$\Psi(r,t) = \sum_i c_i \Psi_i(r,t), \quad c_i \in \mathbf{C} \tag{2-3}$$

也是一个可能的状态.

2. 微观状态的演化

(1) 薛定谔方程

状态 $\Psi(r,t)$ 随时间演化满足薛定谔方程

$$i\hbar \frac{\partial}{\partial t} \Psi(r,t) = \hat{H} \Psi(r,t) \tag{2-4}$$

其中

$$\hat{H} = -\frac{\hbar^2}{2m} \nabla^2 + U(r,t) \tag{2-5}$$

称为哈密顿算符,$U(r,t)$ 是势能. 若已知初始状态 $\Psi(r,0)$,由薛定谔方程可求出任意时刻 t 的状态 $\Psi(r,t)$.

(2) 连续性方程

由薛定谔方程可以推出连续性方程

$$\frac{\partial w}{\partial t} + \nabla \cdot J = 0 \tag{2-6}$$

其中

$$J = -\frac{i\hbar}{2m}(\Psi^* \nabla \Psi - \Psi \nabla \Psi^*) \tag{2-7}$$

称为概率流密度,即沿着给定方向单位时间通过单位截面的概率. 连续性方程是概率守恒定律的定域表现.

(3) 定态薛定谔方程

若体系的哈密顿 $\hat{H}$ 不显含时间,即势场 U 不含 t 时,薛定谔方程可以分离变量,得到定态波函数解

$$\Psi_E(r,t) = \psi_E(r) e^{-\frac{i}{\hbar}Et} \tag{2-8}$$

其中 E 为能量本征值，$\psi_E(r)$ 为对应的本征函数，满足定态薛定谔方程

$$-\frac{\hbar^2}{2m}\nabla^2 \psi_E(r) + U(r)\psi_E(r) = E\psi_E(r) \tag{2-9}$$

3. 一维束缚定态问题

（1）问题的描述

一维束缚定态问题由下面的方程和边界条件组成

$$\begin{cases} -\dfrac{\hbar^2}{2m}\dfrac{d^2\psi(x)}{dx^2} + U(x)\psi(x) = E\psi(x) \\ \psi(x) \xrightarrow{|x|\to\infty} 0 \end{cases} \tag{2-10}$$

其中束缚态能量满足条件 $E < U(\pm\infty)$.

（2）束缚定态解的性质

束缚定态中的能量取值不连续，形成能级．同一能级只对应一个本征函数，无简并现象．第 n 个能级 $E_n, n \in \mathbf{N}$ 对应的本征函数 $\psi_n(x)$ 有 n 个内部零点（不包括边界）．

束缚态本征函数 $\psi_n(x)$ 可以归一化，归一化后的本征函数满足正交归一性

$$\int_{-\infty}^{\infty} \psi_m^*(x)\psi_n(x)\,dx = \delta_{m,n} \tag{2-11}$$

本征函数集合具有完备性，任何平方可积函数 $\psi(x)$ 都可以展开为归一化本征函数的线性组合，即

$$\psi(x) = \sum_n c_n \psi_n(x) \tag{2-12}$$

其中展开系数为

$$c_n = \int_{-\infty}^{\infty} \psi_n^*(x)\psi(x)\,dx \tag{2-13}$$

（3）典型实例：一维简谐振子

一般的解析势阱在其极小值附近都可以近似为简谐振子势，其标准形式为

$$U(x) = \frac{1}{2}kx^2 = \frac{1}{2}m\omega^2 x^2 \tag{2-14}$$

在上述势场中，粒子作束缚运动，能级为

$$E_n = \left(n + \frac{1}{2}\right)\hbar\omega, \quad n \in \mathbf{N} \tag{2-15}$$

对应的本征函数为

$$\psi_n(x) = N_n e^{-\frac{1}{2}\alpha^2 x^2} H_n(\alpha x) \qquad (2\text{-}16)$$

其中 $H_n(x)$ 为厄米多项式，参数 $\alpha = \sqrt{m\omega/\hbar}$，归一化因子 $N_n = \sqrt{\alpha}/\sqrt{\sqrt{\pi}2^n n!}$。

简谐振子的本征函数满足递推关系

$$\begin{aligned} x\psi_n(x) &= \frac{1}{\alpha}\left[\sqrt{\frac{n}{2}}\psi_{n-1}(x) + \sqrt{\frac{n+1}{2}}\psi_{n+1}(x)\right] \\ \frac{d}{dx}\psi_n(x) &= \alpha\left[\sqrt{\frac{n}{2}}\psi_{n-1}(x) - \sqrt{\frac{n+1}{2}}\psi_{n+1}(x)\right] \end{aligned} \qquad (2\text{-}17)$$

4. 一维散射问题

（1）问题的描述

以能量 $E > U(\pm\infty)$ 自左边向势场 $U(x)$ 入射的粒子满足下面的方程和边界条件

$$\begin{cases} -\dfrac{\hbar^2}{2m}\dfrac{d^2\psi(x)}{dx^2} + U(x)\psi(x) = E\psi(x) \\ \psi(x) \xrightarrow{x\to-\infty} Ae^{ikx} + A'e^{-ikx},\ \psi(x) \xrightarrow{x\to\infty} Ce^{ik'x} \end{cases} \qquad (2\text{-}18)$$

其中 $k = \sqrt{2m[E-U(-\infty)]}/\hbar$ 为入射波波数，$k = \sqrt{2m[E-U(+\infty)]}/\hbar$ 为透射波波数。

（2）问题的意义

在上面的问题中，入射波的概率流密度为 $J = \hbar k|A|^2/m$，反射波的概率流密度为 $J_R = -\hbar k|A'|^2/m$，透射波的概率流密度为 $J_D = \hbar k'|C|^2/m$。由此得到反射系数 R 和透射系数 D 分别为

$$R = \left|\frac{J_R}{J}\right| = \frac{|A'|^2}{|A|^2},\quad D = \left|\frac{J_D}{J}\right| = \frac{k'}{k}\cdot\frac{|C|^2}{|A|^2} \qquad (2\text{-}19)$$

（3）典型实例：粒子对方势垒的透射

能量为 E 的粒子入射到一个宽度为 a，高度为 U_0 的方形势垒

$$U(x) = \begin{cases} U_0, & 0 < x < a \\ 0, & x < 0, x > a \end{cases} \qquad (2\text{-}20)$$

反射系数和透射系数分别为

$$R = \frac{(k_1^2 - k_2^2)\sin^2 k_2 a}{(k_1^2 - k_2^2)\sin^2 k_2 a + 4k_1^2 k_2^2},\quad D = \frac{4k_1^2 k_2^2}{(k_1^2 - k_2^2)\sin^2 k_2 a + 4k_1^2 k_2^2} \qquad (2\text{-}21)$$

其中 $k_1 = \sqrt{2mE/\hbar^2}, k_2 = \sqrt{2m(E-U_0)/\hbar^2}$.

§2.2 习题分析与求解

2.1 证明在定态中,概率流密度与时间无关.

【题意分析】

已知条件:粒子处于定态,波函数为 $\Psi(\boldsymbol{r},t) = \psi(\boldsymbol{r})\mathrm{e}^{-\frac{\mathrm{i}}{\hbar}Et}$.　　　(2.1-1)

待证问题:概率流密度 $\boldsymbol{J}$ 与时间无关.

相互联系:概率流密度与波函数之间具有关系(2-7).

【求解过程】

解一:

将定态波函数的一般形式(2.1-1)式代入概率流密度公式(2-7),得到

$$\boldsymbol{J}(\boldsymbol{r},t) = \frac{\mathrm{i}\hbar}{2m}\{\psi(\boldsymbol{r})\mathrm{e}^{-\frac{\mathrm{i}}{\hbar}Et}\nabla[\psi^*(\boldsymbol{r})\mathrm{e}^{\frac{\mathrm{i}}{\hbar}Et}] - \psi^*(\boldsymbol{r})\mathrm{e}^{\frac{\mathrm{i}}{\hbar}Et}\nabla[\psi(\boldsymbol{r})\mathrm{e}^{-\frac{\mathrm{i}}{\hbar}Et}]\}$$

$$= \frac{\mathrm{i}\hbar}{2m}[\psi(\boldsymbol{r})\nabla\psi^*(\boldsymbol{r}) - \psi^*(\boldsymbol{r})\nabla\psi(\boldsymbol{r})] = \boldsymbol{J}(\boldsymbol{r})$$

(2.1-2)

容易看出,由上式得出的结果与时间无关.

解二:

定态波函数满足关系 $\mathrm{i}\hbar\frac{\partial}{\partial t}\Psi(\boldsymbol{r},t) = E\Psi(\boldsymbol{r},t)$ 和 $\mathrm{i}\hbar\frac{\partial}{\partial t}\Psi^*(\boldsymbol{r},t) = -E\Psi^*(\boldsymbol{r},t)$,因此有

$$\frac{\partial \boldsymbol{J}}{\partial t} = \frac{\mathrm{i}\hbar}{2m}\left(\frac{\partial \Psi}{\partial t}\nabla\Psi^* + \Psi\nabla\frac{\partial \Psi^*}{\partial t} - \frac{\partial \Psi^*}{\partial t}\nabla\Psi - \Psi^*\nabla\frac{\partial \Psi}{\partial t}\right)$$

$$= \frac{1}{2m}(E\Psi\nabla\Psi^* - E\Psi\nabla\Psi^* + E\Psi^*\nabla\Psi - E\Psi^*\nabla\Psi) = 0$$

(2.1-3)

【物理讨论】

不能简单地由定态中概率密度 $w = |\psi(\boldsymbol{r})|^2$ 不随时间变化,就推断概率流

20　　第二章　波函数和薛定谔方程

密度也不随时间变化,粒子流绕 z 轴对称均匀加速转动就是一个相反的例子. 定态中概率流密度不随时间变化有更深刻的原因. 按(2-7)式,概率流密度可以变形为

$$J = -\frac{i\hbar}{2m}(\Psi^*\Psi\nabla\ln\Psi - \Psi\Psi^*\nabla\ln\Psi^*) = -\frac{i\hbar w}{2m}\nabla\ln\frac{\Psi}{\Psi^*} = \frac{\hbar w}{m}\nabla\varphi$$

(2.1-4)

其中 $\varphi = \arg\Psi$ 为波函数 Ψ 的相位,即幅角. 将上式与经典的粒子流密度 $\boldsymbol{J} = w\boldsymbol{v}$ 比较知,量子力学中的 $\hbar\nabla\varphi/m$ 对应于经典运动的速度.

在定态的情况下,波函数的相位 $\varphi = \arg\psi(\boldsymbol{r}) - Et/\hbar$,因此 $\nabla\varphi = \nabla\arg\psi(\boldsymbol{r})$ 与时间无关. 这表明在定态中,概率流动的速度是稳定的.

也不能由定态中概率密度 $w = |\psi(\boldsymbol{r})|^2$ 不随时间变化,就推断概率流密度为零,定向传播的平面波就是一个相反的例子.

2.2　由下列两定态波函数计算概率流密度:

(1) $\psi_1 = \frac{1}{r}e^{ikr}$,　　(2) $\psi_2 = \frac{1}{r}e^{-ikr}$.

从所得结果说明 ψ_1 表示向外传播的球面波,ψ_2 表示向内(即向原点)传播的球面波.

【题意分析】

已知条件:粒子处于定态,定态波函数分别为 $\psi_1 = \psi_1(r)$ 和 $\psi_2 = \psi_2(r)$.

待求问题:对应的概率流密度 $\boldsymbol{J}(\boldsymbol{r})$.

相互联系:概率流密度与定态波函数之间满足关系式

$$\boldsymbol{J}(\boldsymbol{r}) = \frac{i\hbar}{2m}[\psi(\boldsymbol{r})\nabla\psi^*(\boldsymbol{r}) - \psi^*(\boldsymbol{r})\nabla\psi(\boldsymbol{r})] \quad (2.2\text{-}1)$$

【求解过程】

解一:

将定态波函数 ψ_1 代入(2.2-1)式,利用梯度算符在球坐标中的表示形式(附录 A 的公式(A1-5)),得到

$$\boldsymbol{J}_1(\boldsymbol{r}) = \frac{i\hbar}{2m}[\psi_1(\boldsymbol{r})\nabla\psi_1^*(\boldsymbol{r}) - \psi_1^*(\boldsymbol{r})\nabla\psi_1(\boldsymbol{r})]$$

$$= \frac{i\hbar}{2m} \left[\frac{1}{r} e^{ikr} \boldsymbol{e}_r \frac{\partial}{\partial r} \left(\frac{1}{r} e^{-ikr} \right) - \frac{1}{r} e^{-ikr} \boldsymbol{e}_r \frac{\partial}{\partial r} \left(\frac{1}{r} e^{ikr} \right) \right] \quad (2.2\text{-}2)$$

$$= \frac{i\hbar}{2mr} \left[\left(-\frac{1}{r^2} - \frac{ik}{r} \right) - \left(-\frac{1}{r^2} + \frac{ik}{r} \right) \right] \boldsymbol{e}_r = \frac{\hbar k}{mr^2} \boldsymbol{e}_r$$

同理可得

$$\boldsymbol{J}_2(\boldsymbol{r}) = \frac{i\hbar}{2m} [\psi_2(\boldsymbol{r}) \boldsymbol{\nabla} \psi_2^*(\boldsymbol{r}) - \psi_2^*(\boldsymbol{r}) \boldsymbol{\nabla} \psi_2(\boldsymbol{r})] = -\frac{\hbar k}{mr^2} \boldsymbol{e}_r \quad (2.2\text{-}3)$$

上式也可以通过在定态波函数的表达式 $\psi_1 = e^{ikr}/r$ 中作变换 $k \to -k$ 直接得到.

解二：

根据已知条件,定态波函数 ψ_1 的模为 $u_1 = 1/r$, 相位为 $\varphi_1 = kr$, 代入简化后的概率流密度公式(2.1-4)中,立即得到

$$\boldsymbol{J}_1(\boldsymbol{r}) = \frac{\hbar u_1^2(\boldsymbol{r})}{m} \boldsymbol{\nabla} \varphi_1(\boldsymbol{r}) = \frac{\hbar k}{mr^2} \boldsymbol{e}_r \quad (2.2\text{-}4)$$

同理可计算出 $\boldsymbol{J}_2(\boldsymbol{r})$.

【物理讨论】

本题中,概率流密度与角度变量 θ 和 φ 无关,具有球对称性. $\boldsymbol{J}_1(\boldsymbol{r})$ 与径向单位向量 $\boldsymbol{e}_r$ 同方向,表示向外传播的球面波; $\boldsymbol{J}_2(\boldsymbol{r})$ 与径向单位向量 $\boldsymbol{e}_r$ 反方向,表示向内传播的球面波.

对于状态 ψ_1,单位时间通过球面 $r=a$ 向外传出的概率为

$$I(a) = \oiint_{r=a} \boldsymbol{J}_1(\boldsymbol{r}) d\boldsymbol{S} = \oiint_{r=a} \frac{\hbar k}{mr^2} \boldsymbol{e}_r d\boldsymbol{S} = \frac{\hbar k}{ma^2} \cdot 4\pi a^2 = \frac{4\pi \hbar k}{m} \quad (2.2\text{-}5)$$

这个概率值不随球面半径的大小变化,说明进入任意球壳层中的概率与流出的概率总是相等的,即任意球壳层中的概率不变. 然而,对于半径任意小的球面,总是有概率向外流出,这表明在原点处有一个强度为 $4\pi\hbar k/m$ 的概率源. 同理,状态 ψ_2 中在原点处有一个强度为 $-4\pi\hbar k/m$ 的概率源(即概率汇).

2.3 一粒子在一维势场

$$U(x) = \begin{cases} \infty, & x < 0 \\ 0, & 0 \leq x \leq a, \\ \infty, & x > a \end{cases}$$

中运动,求粒子的能级和对应的波函数.

【题意分析】

已知条件:粒子在一维无限深方势阱 $U(x)$ 中运动.

待求问题:粒子的能量本征值 E_n 和定态波函数 $\Psi_n(x,t)$.

相互联系:定态波函数 $\Psi_n(x,t) = \psi_n(x)\mathrm{e}^{-\mathrm{i}E_n t/\hbar}$,其空间部分 $\psi_n(x)$ 和能量本征值 E_n 满足定态薛定谔方程

$$-\frac{\hbar^2}{2m}\frac{\mathrm{d}^2}{\mathrm{d}x^2}\psi(x) + U(x)\psi(x) = E\psi(x) \tag{2.3-1}$$

【求解过程】

解一:

因为势场 $U(x)$ 是分段函数,本征函数 $\psi(x)$ 也应分段考虑. 在 $x<0$ 及 $x>a$ 区间内, $U(x) = \infty$,而能量为有限值,定态薛定谔方程要求 $\psi(x) = 0$;在 $0 \leq x \leq a$ 区间内, $U(x) = 0$,(2.3-1)式成为

$$\psi''(x) + k^2\psi(x) = 0, \quad 0 < x < a \tag{2.3-2}$$

其中

$$k = \sqrt{\frac{2mE}{\hbar^2}} \tag{2.3-3}$$

方程(2.3-2)的通解为

$$\psi(x) = A\sin kx + B\cos kx \tag{2.3-4}$$

由波函数在 $x=0$ 与 $x=a$ 处的连续性条件得到

$$\psi(0) = \psi(a) = 0 \tag{2.3-5}$$

将通解(2.3-4)代入条件(2.3-5),有

$$\psi(0) = A\sin 0 + B\cos 0 = 0$$

$$\psi(a) = A\sin ka + B\cos ka = 0$$

由上面第一式得到 $B=0$,代入第二式后解出

$$k = \frac{n\pi}{a}, \quad n = 1,2,\cdots \tag{2.3-6}$$

将(2.3-6)式代入(2.3-3)式,得到能量本征值

$$E = \frac{\hbar^2 k^2}{2m} = \frac{\hbar^2 n^2 \pi^2}{2ma^2}, \quad n = 1,2,\cdots \tag{2.3-7}$$

将(2.3-6)式代入(2.3-4)式中,得到本征函数

$$\psi_n(x) = \begin{cases} A\sin\left(\dfrac{n\pi}{a}x\right), & 0 < x < a \\ 0, & x < 0, x > a \end{cases} \quad (2.3\text{-}8)$$

其中常数 A 由归一化条件确定,即

$$\int_{-\infty}^{\infty} |\psi(x)|^2 \mathrm{d}x = \int_0^a |\varphi_n(x)|^2 \mathrm{d}x = 1$$

由此得到归一化因子 $A = \sqrt{2/a}$.

定态波函数为 $\Psi_n(x,t) = \psi_n(x)\mathrm{e}^{-iE_n t/\hbar}$.

解二:

对于宽度为 $2b$ 的对称一维无限深方势阱

$$U(x) = \begin{cases} 0, & |x| \leqslant b \\ \infty, & |x| > b \end{cases} \quad (2.3\text{-}9)$$

在该势场中运动粒子的能级为(见参考文献[1]§2.6节)

$$\varepsilon_n(b) = \dfrac{\pi^2 \hbar^2 n^2}{8mb^2}, \quad n = 1,2,\cdots \quad (2.3\text{-}10)$$

对应的本征函数为

$$\varphi_n(x,b) = \begin{cases} \dfrac{1}{\sqrt{b}}\sin\left[\dfrac{n\pi}{2b}(x+b)\right], & |x| \leqslant b \\ 0, & |x| > b \end{cases} \quad (2.3\text{-}11)$$

本题中研究的是宽度为 a 的一维无限深方势阱,如果在上述势阱中取 $2b = a$,并把势阱的位置向 x 轴正向平移 b,就成为本题的情况. 由于能量本征值的大小与势阱的位置无关,因此在能级表达式(2.3-10)中取 $2b = a$,就得到本题情况下的能级

$$E_n = \varepsilon_n\left(\dfrac{1}{2}a\right) = \dfrac{\pi^2\hbar^2 n^2}{2ma^2}, \quad n = 1,2,\cdots \quad (2.3\text{-}12)$$

将表达式(2.3-11)中的本征函数向 x 轴正向平移 b,再取 $2b = a$,就得到本题情况下的本征函数

$$\psi_n(x) = \varphi_n\left(x - \frac{1}{2}a, \frac{1}{2}a\right) = \begin{cases} \dfrac{1}{\sqrt{\frac{1}{2}a}}\sin\left(\dfrac{n\pi}{a}x\right), & \left|x - \dfrac{1}{2}a\right| \leqslant \dfrac{1}{2}a \\ \\ 0, & \left|x - \dfrac{1}{2}a\right| > \dfrac{1}{2}a \end{cases}$$

(2.3-13)

解三:

注意到本题中势阱恰好是宽度为 $2a$ 的对称一维无限深方势阱的一半,对称一维无限深方势阱中的奇宇称本征函数

$$\varphi_{2n}(x) = A\sin\left[\frac{n\pi}{a}(x + a)\right] = A\mathrm{e}^{\mathrm{i}n\pi}\sin\left(\frac{n\pi}{a}x\right), \quad n = 1, 2, \cdots$$

(2.3-14)

恰好满足本题中势阱内本征函数所要求的方程和边界条件

$$\begin{cases} \psi''(x) + k^2\psi(x) = 0, & 0 < x < a \\ \psi(0) = \psi(a) = 0 \end{cases}$$

(2.3-15)

因此本题的解为

$$\psi_n(x) = A\mathrm{e}^{\mathrm{i}n\pi}\sin\frac{n\pi}{a}x, \quad 0 < x < a, \quad n = 1, 2, \cdots \quad (2.3\text{-}16)$$

将上面的本征函数代入定态薛定谔方程(2.3-2)式后,立刻能量本征值为

$$E_n = -\frac{\hbar^2}{2m\psi_n(x)}\frac{\mathrm{d}^2\psi_n(x)}{\mathrm{d}x^2} = \frac{\pi^2\hbar^2 n^2}{2ma^2} \quad (2.3\text{-}17)$$

【物理讨论】

解一中在得到系数 $B = 0$ 后,另一个系数 $A \neq 0$,否则波函数在全空间中都等于零,对应的粒子不存在. 同样,量子数 n 也不能等于零,因此粒子的基态为 $n = 1$.

由量子化条件(1-2),得到

$$\oint p\mathrm{d}q = 2a\sqrt{2mE} = nh, \quad n \in \mathbf{N} \quad (2.3\text{-}18)$$

由此解出

$$E_n = \frac{h^2 n^2}{8ma^2} = \frac{\pi^2 \hbar^2 n^2}{2ma^2}, \quad n = 0,1,2,\cdots \quad (2.3\text{-}19)$$

两者相差 1 个能级.

此外,按照量子力学的结果,粒子的概率分布为

$$w_n(x) = |\psi_n(x)|^2 = \frac{2}{a}\sin^2\frac{n\pi}{a}x, \quad 0 < x < a, \quad n = 1,2,\cdots$$
$$(2.3\text{-}20)$$

但是按照经典力学,在 $(x, x+\mathrm{d}x)$ 区间内找到粒子的概率 $w(x)\mathrm{d}x$ 与该粒子在此区间内逗留的时间成正比,即 $w(x)\mathrm{d}x = \mathrm{d}t/T$,其中 T 为粒子运动的周期. 考虑到在一个周期中,粒子两次经过同一个位置,于是得到概率密度为

$$w(x) = \frac{2\mathrm{d}t}{T\mathrm{d}x} = \frac{2}{Tv} \quad (2.3\text{-}21)$$

在本题中,$T = 2a/v$,于是得到 $w(x) = 1/a$,为一个与位置和能量都无关的常数.

2.4 证明宽度为 $2a$ 的一维对称无限深方势阱中本征函数 $\psi_n(x)$ 的归一化因子是 $A' = 1/\sqrt{a}$.

【题意分析】

已知条件: 本征函数为

$$\psi_n(x) = \begin{cases} A'\sin\left[\dfrac{n\pi}{2a}(x+a)\right], & |x| < a \\ 0, & |x| \geq a \end{cases} \quad (2.4\text{-}1)$$

待求问题: 归一化因子 A'.

相互联系: 归一化条件

$$\int_{-\infty}^{\infty} |\psi(x)|^2 \mathrm{d}x = 1 \quad (2.4\text{-}2)$$

【求解过程】

解一:

将本征函数(2.4-1)式代入归一化条件,得到

$$\int_{-\infty}^{\infty} |\psi_n|^2 \mathrm{d}x = \int_{-a}^{a} |A'|^2 \sin^2\left[\frac{n\pi}{2a}(x+a)\right]\mathrm{d}x = |A'|^2 a = 1$$

由此得到归一化因子

$$A' = \frac{1}{\sqrt{a}} e^{i\varphi}.$$

解二：

从物理上看，一维无限深方势阱中运动粒子的能级和归一化因子完全由势阱的宽度决定，与势阱在 x 轴上所处的位置无关。由上题，势阱宽度为 a 时归一化因子为 $\sqrt{2/a}$，因此当势阱宽度为 $2a$ 时，归一化因子应该为 $\sqrt{2/(2a)} = \sqrt{1/a}$。

【物理讨论】

一般来说，归一化因子可以是复数，其幅角部分称为相因子。本题中归一化因子的模为 $\sqrt{a}$，相因子为 $e^{i\varphi}$，其中幅角 φ 可以取任意实数。相因子中幅角的取值既不影响系统的概率密度和概率流密度，也不影响能量、动量等物理量，没有可以观察的物理效应。因此，为了简单起见，通常忽略归一化因子中的相因子，即把幅角取为零。这样，本题中的归一化因子成为 $A' = 1/\sqrt{a}$。

在本题中，所有本征函数的归一化因子都相同，这是一个非常特殊的情况。在一般情况下，归一化因子随量子数 n 的变化而改变。

2.5　求一维谐振子处在第一激发态时概率最大的位置。

【题意分析】

已知条件：一维谐振子第一激发态的波函数

$$\psi(x) = \sqrt{\frac{\alpha}{2\sqrt{\pi}}} \cdot 2\alpha x e^{-\frac{1}{2}\alpha^2 x^2} \tag{2.5-1}$$

待求问题：求 x_m，使得 $w(x_m) = \max_{x \in \mathbf{R}} w(x)$。

相互联系：$w(x) = |\psi(x)|^2$。

【求解过程】

解一：

由定义，概率密度为

$$w(x) = |\psi(x)|^2 = \frac{2\alpha^3}{\sqrt{\pi}} \cdot x^2 e^{-\alpha^2 x^2} \tag{2.5-2}$$

满足束缚态条件 $w(\pm\infty) = 0$。由极值条件

$$w'(x) = \frac{2\alpha^3}{\sqrt{\pi}} \cdot (2x - 2\alpha^2 x^3) e^{-\alpha^2 x^2} = 0 \qquad (2.5\text{-}3)$$

得到概率密度函数的驻点为 $x=0, x=\pm 1/\alpha$. 容易验证, 在驻点处有 $w''(0)>0$, $w''(\pm 1/\alpha)<0$. 于是得知, 当 $x=\pm 1/\alpha$ 时概率密度函数取极大值, 在本题中也是最大值.

解二:

在物理学中常常考察物理量的相对变化率 $y'(x)/y(x)$, 它往往比变化率 $y'(x)$ 更有意义. 相对变化率可以表示成对数导数的形式, 即 $y'(x)/y(x) = [\ln y(x)]'$, 计算很方便. 从数学的角度看, 对数函数是单调增函数, 能够保持函数的增减性, 不改变极值点的性质和位置. 在本题中我们也可以用概率密度的对数导数来进行分析, 即计算

$$[\ln w(x)]' = \left[\ln \frac{2\alpha^3}{\sqrt{\pi}} + 2\ln x - \alpha^2 x^2\right]' = \frac{2}{x} - 2\alpha^2 x = 0 \qquad (2.5\text{-}4)$$

立刻得到 $x=\pm 1/\alpha$.

【物理讨论】

数学上可以证明, 在一维势场中运动的束缚态粒子, 基态在区域内部没有零点, 第 n 个激发态有 n 个零点 (不包括边界上的两个零点), 这个结论称为零点定理. 概率密度函数为波函数的模方, 因此也有 n 个零点, 加上边界上的 2 个零点, 一共有 $n+2$ 个零点, 即最小值. 连续函数的两个相邻最小值之间有一个极大值, 因此第 n 个能量本征态的概率密度具有 $n+1$ 个极大值. 由下题可知, 一维束缚态的本征函数具有确定的宇称, 对应的概率密度为偶函数, 其极大值的分布关于 y 轴对称. 在本题的情况下, $n=1$, 因此概率密度有 2 个极大值, 对称地分布在原点的两侧.

2.6 在一维势场中运动的粒子, 势能对原点对称, 证明粒子的定态波函数具有确定的宇称.

【题意分析】

已知条件: 粒子在一维势场 $U(x)$ 中运动, $U(-x)=U(x)$.

待证问题: 本征函数具有确定的宇称, 即 $\psi(-x)=\pm\psi(x)$.

相互联系: 本征函数满足定态薛定谔方程

$$-\frac{\hbar^2}{2m}\frac{d^2}{dx^2}\psi(x) + U(x)\psi(x) = E\psi(x) \tag{2.6-1}$$

【求解过程】

对定态薛定谔方程进行空间反演,即把 x 换成 $-x$,得到

$$-\frac{\hbar^2}{2m}\frac{d^2}{dx^2}\psi(-x) + U(x)\psi(-x) = E\psi(-x) \tag{2.6-2}$$

计算中已经利用了势能的对称性. 与(2.6-1)式比较后,可以看出 $\psi(-x)$ 也是定态薛定谔方程的一个解,即也是本征函数,与 $\psi(x)$ 对应于同一个本征值 E.

如果 $\psi(-x)$ 与 $\psi(x)$ 线性相关,即

$$\psi(-x) = c\psi(x) \tag{2.6-3}$$

在上式中再把 x 换成 $-x$,得到

$$\psi(x) = c\psi(-x) = c^2\psi(x) \tag{2.6-4}$$

由于波函数不能恒等于零,上式给出了条件 $c^2 = 1$,即 $c = \pm 1$. 代入到(2.6-3)式后,得到

$$\psi(-x) = \pm \psi(x) \tag{2.6-5}$$

如果 $\psi(-x)$ 与 $\psi(x)$ 线性无关,则可以线性组合成两个新的独立本征函数

$$\psi_e(x) = \psi(x) + \psi(-x)$$
$$\psi_o(x) = \psi(x) - \psi(-x) \tag{2.6-6}$$

容易验证

$$\psi_e(-x) = +\psi_e(x)$$
$$\psi_o(-x) = -\psi_o(x) \tag{2.6-7}$$

由此说明了粒子的定态波函数具有确定的宇称.

【物理讨论】

在一维束缚态的情况下,波函数不存在简并现象,这时 $\psi(-x)$ 与 $\psi(x)$ 描写了同一个能量本征态,它们之间线性相关,故 $\psi(x)$ 只能是奇函数或偶函数. 由于第 n 个能级的波函数有 n 个零点,因此在对称势阱中,与偶数能级对应的波函数是偶函数;与奇数能级对应的波函数是奇函数.

在一维散射态的情况下,波函数存在简并现象,这时 $\psi(-x)$ 与 $\psi(x)$ 可以描写同一个能量的两个不同的状态. 它们能够组合成奇本征函数和偶本征函数,分

别有确定的宇称.

2.7 一粒子在一维势阱

$$U(x) = \begin{cases} U_0 > 0, & |x| > a, \\ 0, & |x| \le a \end{cases}$$

中运动,求束缚态($0 < E < U_0$)的能级所满足的方程.

【题意分析】

已知条件:粒子处于一维有限深对称方势阱 $U(x)$ 中运动.
待求问题:粒子的束缚态能级 E_n.
相互联系:定态薛定谔方程(2-9)式.

【求解过程】

解一:

因为势场 $U(x)$ 是不连续的分段函数,我们将待求的本征函数 $\psi(x)$ 也表示为分段形式

$$\psi(x) = \begin{cases} \varphi_-(x), & x < -a \\ \varphi(x), & |x| \le a \\ \varphi_+(x), & x > a \end{cases} \tag{2.7-1}$$

将(2.7-1)式代入定态薛定谔方程(2-9)中,得到

$$\begin{cases} -\dfrac{\hbar^2}{2m}\dfrac{\mathrm{d}^2}{\mathrm{d}x^2}\varphi_-(x) + U_0\varphi_-(x) = E\varphi_-(x), & x < -a \\ -\dfrac{\hbar^2}{2m}\dfrac{\mathrm{d}^2}{\mathrm{d}x^2}\varphi(x) = E\varphi(x), & |x| \le a \\ -\dfrac{\hbar^2}{2m}\dfrac{\mathrm{d}^2}{\mathrm{d}x^2}\varphi_+(x) + U_0\varphi_+(x) = E\varphi_+(x), & x > a \end{cases} \tag{2.7-2}$$

由于束缚态能量满足条件 $0 < E < U_0$,因此可以定义两个实参数

$$k = \sqrt{2mE/\hbar^2}, \quad \kappa = \sqrt{2m(U_0 - E)/\hbar^2} \tag{2.7-3}$$

方程(2.7-2)可以简化为

$$\begin{cases} \varphi_-''(x) - \kappa^2\varphi_-(x) = 0, & x < -a \\ \varphi''(x) + k^2\varphi(x) = 0, & |x| \le a \\ \varphi_+''(x) - \kappa^2\varphi_+(x) = 0, & x > a \end{cases} \tag{2.7-4}$$

由此解出

$$\begin{cases} \varphi_- = Ae^{\kappa x} + Be^{-\kappa x}, & x < -a \\ \varphi = C\sin kx + D\cos kx, & |x| \leq a \\ \varphi_+ = Fe^{\kappa x} + Ge^{-\kappa x}, & x > a \end{cases} \quad (2.7\text{-}5)$$

考虑到束缚态波函数满足无穷远边界条件 $\psi(\pm\infty) = 0$，上式中的系数 B 和 F 都必须等于零。在 $x = -a$ 处，波函数满足连接条件 $\varphi_-(x) = \varphi(x)$ 和 $\varphi'_-(x) = \varphi'(x)$；在 $x = a$ 处，满足连接条件 $\varphi_+(x) = \varphi(x)$ 和 $\varphi'_+(x) = \varphi'(x)$，于是得到四个关系式

$$\begin{aligned} Ae^{-\kappa a} &= -C\sin ka + D\cos ka \\ \kappa Ae^{-\kappa a} &= kC\cos ka + kD\sin ka \\ Ge^{-\kappa a} &= C\sin ka + D\cos ka \\ -\kappa Ge^{-\kappa a} &= kC\cos ka - kD\sin ka \end{aligned} \quad (2.7\text{-}6)$$

上式可以化为矩阵形式

$$\begin{pmatrix} e^{-\kappa a} & \sin ka & -\cos ka & 0 \\ \kappa e^{-\kappa a} & -k\cos ka & -k\sin ka & 0 \\ 0 & -\sin ka & -\cos ka & e^{-\kappa a} \\ 0 & -k\cos ka & k\sin ka & -\kappa e^{-\kappa a} \end{pmatrix} \begin{pmatrix} A \\ C \\ D \\ G \end{pmatrix} = 0 \quad (2.7\text{-}7)$$

由于波函数不能等于零，上面的方程应该有非零解，这要求系数行列式等于零，即

$$\begin{vmatrix} e^{-\kappa a} & \sin ka & -\cos ka & 0 \\ \kappa e^{-\kappa a} & -k\cos ka & -k\sin ka & 0 \\ 0 & -\sin ka & -\cos ka & e^{-\kappa a} \\ 0 & -k\cos ka & k\sin ka & -\kappa e^{-\kappa a} \end{vmatrix} = 0 \quad (2.7\text{-}8)$$

经过仔细的计算，得到

$$(\kappa^2 - k^2)\sin ka \cos ka + k\kappa(\cos^2 ka - \sin^2 ka) = 0 \quad (2.7\text{-}9)$$

上式可以简化为

$$k^2 - \kappa^2 = 2k\kappa \cot 2ka \quad (2.7\text{-}10)$$

这就是束缚态能量所必须满足的条件，将关系(2.7-3)代入(2.7-10)式后即可确定能量本征值。

解二:

方程(2.7-4)的解又可以表示为

$$\begin{cases} \varphi_- = Ae^{\kappa x} + Be^{-\kappa x}, & x < -a \\ \varphi = C\sin(kx + \delta), & |x| \leq a \\ \varphi_+ = Fe^{\kappa x} + Ge^{-\kappa x}, & x > a \end{cases} \quad (2.7\text{-}11)$$

无穷远边界条件要求系数 B 和 F 都必须等于零. 在 $x = a$ 处, 波函数满足连接条件 $\varphi_+(x) = \varphi(x)$ 和 $\varphi'_+(x) = \varphi'(x)$, 当 $\varphi(a) \neq 0$ 时, 这两个条件可以归结为对数导数连接条件 $(\ln \varphi_+)' = (\ln \varphi)'$; 同理, 在 $x = -a$ 处, 满足连接条件 $(\ln \varphi_-)' = (\ln \varphi)'$, 于是得到两个关系式

$$-\kappa = k\cot(ka + \delta)$$
$$\kappa = k\cos(-ka + \delta) \quad (2.7\text{-}12)$$

上式为束缚态能量所必须满足的条件.

解三:

由于势阱具有对称性, 因此束缚态本征函数具有确定的宇称. 这样, 我们不需要在全空间对薛定谔方程求解, 只要考虑 $x > 0$ 时的情况. 这时, 方程(2.7-4)可以简化为

$$\begin{cases} \varphi''(x) + k^2\varphi(x) = 0, & 0 < x \leq a \\ \varphi''_+(x) - \kappa^2\varphi_+(x) = 0, & x > a \end{cases} \quad (2.7\text{-}13)$$

在奇宇称的情况下, $\varphi(0) = 0$; 结合无穷远条件 $\varphi(\infty) = 0$, 得到解函数

$$\begin{cases} \varphi = C\sin kx, & 0 < x \leq a \\ \varphi_+ = Ge^{-\kappa x}, & x > a \end{cases} \quad (2.7\text{-}14)$$

由 $x = a$ 处的对数导数连接条件 $(\ln \varphi_+)' = (\ln \varphi)'$, 得到确定奇宇称能级的关系式

$$-\kappa = k\cot ka \quad (2.7\text{-}15)$$

在偶宇称的情况下, $\varphi'(0) = 0$; 结合无穷远条件 $\varphi(\infty) = 0$, 得到解函数

$$\begin{cases} \varphi = D\cos kx, & 0 < x \leq a \\ \varphi_+ = Ge^{-\kappa x}, & x > a \end{cases} \quad (2.7\text{-}16)$$

由 $x = a$ 处的连接条件 $(\ln \varphi_+)' = (\ln \varphi)'$, 得到确定偶宇称能级的关系式

$$-\kappa = -k\tan ka \quad (2.7\text{-}17)$$

【物理讨论】

在解二(2.7-12)式中,利用正切函数的和角公式 $\cot(x+y) = \dfrac{\cot x \cot y - 1}{\cot x + \cot y}$,可以消去参数 δ,得到

$$\cot 2ka = \cot[(ka+\delta)+(ka-\delta)] = \frac{\kappa^2 - k^2}{-2k\kappa} \qquad (2.7\text{-}18)$$

这正是解一中的结果.

将解一中得到的束缚态能量条件(2.7-9)因式分解为

$$\cos ka \sin ka (\kappa - k\tan ka)(\kappa + k\cot ka) = 0 \qquad (2.7\text{-}19)$$

可见与解三的结果(2.7-15)和(2.7-17)两式等价,但是解三的物理意义更明显.

为了便于具体考察束缚态能级的性质,我们定义量纲一的变量 $u = \sqrt{2mU_0 a^2/\hbar^2}$,$\xi = ka$,于是有

$$\eta = \kappa a = \sqrt{u^2 - \xi^2} \qquad (2.7\text{-}20)$$

(2.7-17)式成为

$$\eta = \xi \tan \xi \qquad (2.7\text{-}21)$$

联立(2.7-20)与(2.7-21)式就可以确定 $\xi = \sqrt{\varepsilon}$ 的数值,这可以通过作图法得到. 例如取 $u = 10$,利用 Mathematica 命令

```
Plot[{Sqrt[u^2-ξ^2],ξ Tan[ξ]},{ξ,0,u}]
```

得到图 2-1.

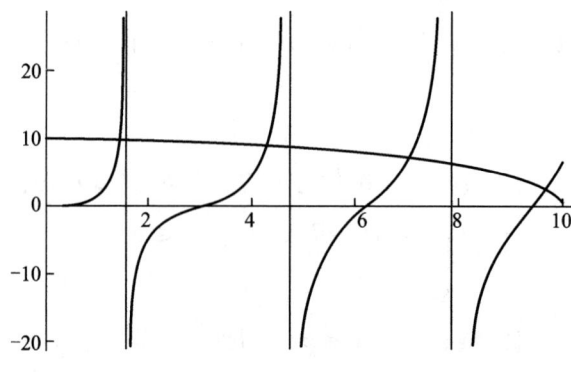

图 2-1

图中出现了4个交点,对应4个能级.对偶宇称情况,当 $n\pi < u < (n+1)\pi, n \in \mathbf{N}$ 时,存在 $n+1$ 个能级.对于奇宇称情况,可以类似讨论.

2.8 分子间的范德瓦耳斯力所产生的势能可以近似地表示为

$$U(x) = \begin{cases} \infty, & x < 0 \\ U_0, & 0 \leq x < a \\ -U_1, & a \leq x \leq b \\ 0, & b < x \end{cases}$$

求束缚态的能级所满足的方程.

【题意分析】

已知条件:粒子在一维势阱 $U(x)$ 中运动.
待求问题:粒子的束缚态能量本征值 E 所满足的方程.
相互联系:定态薛定谔方程(2-9).

【求解过程】

解一:

因为势场 $U(x)$ 是不连续的分段函数,我们将本征函数 $\psi(x)$ 也表示为分段形式.考虑到在区间 $x < 0$ 内势能为无穷大,因此 $\psi(x) = 0$. 在 $x \geq 0$ 区间内

$$\psi(x) = \begin{cases} \varphi_0(x), & 0 \leq x < a \\ \varphi_1(x), & a \leq x \leq b \\ \varphi_2(x), & b < x \end{cases} \tag{2.8-1}$$

将(2.8-1)式代入定态薛定谔方程(2-9)中,得到

$$\begin{cases} -\dfrac{\hbar^2}{2m}\dfrac{\mathrm{d}^2}{\mathrm{d}x^2}\varphi_0(x) + U_0\varphi_0(x) = E\varphi_0(x), & 0 \leq x < a \\ -\dfrac{\hbar^2}{2m}\dfrac{\mathrm{d}^2}{\mathrm{d}x^2}\varphi_1(x) - U_1\varphi_1(x) = E\varphi_1(x), & a \leq x \leq b \\ -\dfrac{\hbar^2}{2m}\dfrac{\mathrm{d}^2}{\mathrm{d}x^2}\varphi_2(x) = E\varphi_2(x), & b < x \end{cases} \tag{2.8-2}$$

由于束缚态能量 $E < U(\infty) = 0$,因此可以定义三个实参数

$$\kappa_0 = \sqrt{2m(U_0 - E)/\hbar^2}, \quad k = \sqrt{2m(U_1 + E)/\hbar^2}, \quad \kappa_2 = \sqrt{-2mE/\hbar^2}$$

$$\tag{2.8-3}$$

方程(2.8-2)可以简化为

$$\begin{cases} \varphi_0''(x) - \kappa_0^2 \varphi_0(x) = 0, & 0 \le x < a \\ \varphi_1''(x) + k^2 \varphi_1(x) = 0, & a \le x \le b \\ \varphi_2''(x) - \kappa_2^2 \varphi_2(x) = 0, & b < x \end{cases} \quad (2.8\text{-}4)$$

由此解出

$$\begin{cases} \varphi_0 = A\mathrm{e}^{\kappa_0 x} + B\mathrm{e}^{-\kappa_0 x}, & 0 \le x < a \\ \varphi_1 = C\sin kx + D\cos kx, & a \le x \le b \\ \varphi_2 = F\mathrm{e}^{\kappa_2 x} + G\mathrm{e}^{-\kappa_2 x}, & b < x \end{cases} \quad (2.8\text{-}5)$$

考虑到无穷远边界条件 $\psi(\infty) = 0$,上式中的系数 F 必须等于零;在 $x = 0$ 处,波函数的连续性要求 $\varphi_0(x) = 0$,得到系数关系 $A + B = 0$.而在 $x = a$ 处,波函数满足连接条件 $\varphi_0(x) = \varphi_1(x)$ 和 $\varphi_0'(x) = \varphi_1'(x)$;在 $x = b$ 处,满足连接条件 $\varphi_2(x) = \varphi_1(x)$ 和 $\varphi_2'(x) = \varphi_1'(x)$,又得到四个关系式

$$\begin{aligned} A\mathrm{e}^{\kappa_0 a} + B\mathrm{e}^{-\kappa_0 a} &= C\sin ka + D\cos ka \\ \kappa_0 A\mathrm{e}^{\kappa_0 a} - \kappa_0 B\mathrm{e}^{-\kappa_0 a} &= kC\cos ka - kD\sin ka \\ G\mathrm{e}^{-\kappa_2 b} &= C\sin kb + D\cos kb \\ -\kappa_2 G\mathrm{e}^{-\kappa_2 b} &= kC\cos kb - kD\sin kb \end{aligned} \quad (2.8\text{-}6)$$

利用系数关系 $B = -A$,上式可以化为

$$\begin{pmatrix} 2\sinh \kappa_0 a & -\sin ka & -\cos ka & 0 \\ 2\kappa_0 \cosh \kappa_0 a & -k\cos ka & k\sin ka & 0 \\ 0 & -\sin kb & -\cos kb & \mathrm{e}^{-\kappa_2 b} \\ 0 & -k\cos kb & k\sin kb & -\kappa_2 \mathrm{e}^{-\kappa_2 b} \end{pmatrix} \begin{pmatrix} A \\ C \\ D \\ G \end{pmatrix} = 0 \quad (2.8\text{-}7)$$

由于波函数不能等于零,这要求系数行列式等于零,经过耐心仔细的计算,得到

$$\tan k(b-a) = \frac{k\kappa_0 \coth \kappa_0 a + k\kappa_2}{k^2 - \kappa_0 \kappa_2 \coth \kappa_0 a} \quad (2.8\text{-}8)$$

上式为束缚态能量所必须满足的条件,与(2.8-3)式联立后即可确定能量本征值.

解二:

方程(2.8-4)的解又可以写为下列形式

$$\begin{cases} \varphi_0 = A\sinh \kappa_0 x + B\cosh \kappa_0 x, & 0 \leqslant x < a \\ \varphi_1 = C\sin(kx + \delta), & a \leqslant x \leqslant b \\ \varphi_2 = Fe^{\kappa_2 x} + Ge^{-\kappa_2 x}, & b < x \end{cases} \quad (2.8\text{-}9)$$

考虑到无穷远边界条件,系数 $F=0$;在 $x=0$ 处,由连续性条件得到系数 $B=0$. 利用波函数连接条件的对数导数形式,即在 $x=a$ 处,波函数满足连接条件 $(\ln\varphi_0)' = (\ln\varphi_1)'$;在 $x=b$ 处,满足连接条件 $(\ln\varphi_1)' = (\ln\varphi_2)'$,得到两个关系式

$$\begin{aligned} \kappa_0 \coth(\kappa_0 a) &= k\cot(ka + \delta) \\ k\cot(kb + \delta) &= -\kappa_2 \end{aligned} \quad (2.8\text{-}10)$$

上式结合关系(2.8-3)可以确定能量本征值.

【物理讨论】

从表面看,两种解法的结果不同. 利用差角公式 $\tan(x-y) = \dfrac{\tan x - \tan y}{1 + \tan x \tan y}$,可以消去解二(2.8-10)式中的参数 δ,得到

$$\tan k(b-a) = \tan[(kb+\delta)-(ka+\delta)] = -\frac{k\kappa_0 + k\kappa_2 \tanh(\kappa_0 a)}{\kappa_0 \kappa_2 - k^2 \tanh(\kappa_0 a)}$$

$$(2.8\text{-}11)$$

这正是解一所得到的公式(2.8-8).

§2.3 扩展练习

E2.1 设 $\psi_1(\boldsymbol{r},t)$ 和 $\psi_2(\boldsymbol{r},t)$ 是体系的两个可能的运动状态,现由 ψ_1 和 ψ_2 构成以下波函数

$$\psi_a = c_1\psi_1 + c_2\psi_2^2, \quad \psi_b = c_1^2\psi_1 + c_2\psi_2, \quad \psi_c = e^{c_1\psi_1 + c_2\psi_2}$$

其中 c_1, c_2 为常数. 问以上这些波函数能否描述体系的状态? 为什么?

【提示】 ψ_b 是 ψ_1, ψ_2 的线性叠加态,满足叠加原理,ψ_a 和 ψ_c 所表示的状态不满足态叠加原理.

E2.2 求线性谐振子处于第 n 个激发态时,在经典界限外被发现的概率.

【提示】 经典力学要求粒子的动能 $T = E_n - U(x) \geqslant 0$,由此得到经典运动范围

为 $E_n - \frac{1}{2}m\omega^2 x^2 \geq 0$，即 $|x| \leq x_m = \sqrt{2E_n/(m\omega^2)}$。在经典界限内的概率为 $\int_{-x_m}^{x_m} |\psi_n|^2 dx$。

E2.3 粒子在一维势场中做束缚运动，其基态波函数为 $\psi = A\cosh^{-\mu} kx, \mu > 0$，求对应的基态能量和势能 $U(x)$。

【提示】 由定态薛定谔方程 $-\frac{\hbar^2}{2m}\psi'' + U(x)\psi = E\psi$，得到

$$U(x) = \frac{\hbar^2}{2m}\frac{\psi''}{\psi} + E = \frac{\hbar^2}{2m}[\mu(\mu+1)k^2\tanh^2 kx - \mu k^2] + E$$

(E2.3-1)

取无穷远为势能零点，即

$$U(\infty) = \frac{\hbar^2}{2m}[\mu(\mu+1)k^2 - \mu k^2] + E = 0 \quad (E2.3-2)$$

得到

$$E = -\frac{\hbar^2 k^2}{2m}\mu^2 \quad (E2.3-3)$$

代回(E2.3-1)式，得到势能为

$$U(x) = \frac{\hbar^2}{2m}[\mu(\mu+1)k^2\tanh^2 kx - \mu k^2] - \frac{\hbar^2 k^2}{2m}\mu^2 = -\frac{\hbar^2 k^2}{2m}\frac{\mu(\mu+1)}{\cosh^2 kx}$$

(E2.3-4)

E2.4 粒子在宽度为 π 的一维无限深势阱中运动，在 $t = 0$ 时刻的波函数为 $\psi(x,0) = A\sin^3 x$，求状态随时间的演化规律.

【提示】 能量本征值为 $E_n = \frac{\hbar^2 n^2}{2m}, n \in \mathbf{Z}^+$，对应的本征函数为 $\psi_n = \sqrt{\frac{2}{\pi}}\sin nx$，因此 $\psi(x,0) = \frac{1}{4}A(3\sin x - \sin 3x) = \frac{1}{4}A\sqrt{\frac{\pi}{2}}(3\psi_1 - \psi_3)$。由归一化条件得到 $A = \frac{4}{\sqrt{5\pi}}$，因此有 $\psi(x,0) = \frac{1}{\sqrt{5\pi}}(3\sin x - \sin 3x) = \frac{1}{\sqrt{10}}(3\psi_1 - \psi_3)$。由定态波函数的性质和叠加原理，得到 $\psi(x,t) = \frac{1}{\sqrt{10}}(3\psi_1 e^{-iE_1 t/\hbar} - \psi_3 e^{-iE_3 t/\hbar})$

E2.5 能量为 E 的粒子从左边向势垒

$$U(x) = \begin{cases} 0, & x < 0 \\ U_1, & 0 \leq x \leq a \\ U_2, & a < x \end{cases}$$

运动,求透射系数.

【答案】 当 $E < U_2$ 时,透射系数 $D = 0$;当 $E > U_2$ 时,透射系数

$$D = \frac{4k_2/k_1}{(1 + k_2/k)^2 \cos^2 k_1 a + (k_1/k + k_2/k_1)^2 \sin^2 k_1 a} \quad (\text{E2.5-1})$$

其中 $k^2 = 2mE/\hbar^2, k_1^2 = 2m(E - U_1)/\hbar^2, k_2^2 = 2m(E - U_2)/\hbar^2$.

E2.6 设粒子处于二维无限深势阱

$$U(x,y) = \begin{cases} 0, & 0 < x < a, 0 < y < b \\ \infty, & \text{其他区域} \end{cases}$$

求粒子能量和相应的本征态. 如 $a = b$,试讨论前 5 条能级简并情况.

【提示】 用分离变量法,得到能量本征值和对应的本征函数

$$E_{n,l} = E_n^{(x)} + E_l^{(y)}, \quad \psi_{n,l}(x,y) = \psi_n(x)\varphi_l(y), \quad n, l \in \mathbf{Z}^+ \quad (\text{E2.6-1})$$

其中

$$E_n^{(x)} = \frac{\pi^2 \hbar^2 n^2}{2ma^2}, \quad \psi_n(x) = \sqrt{\frac{2}{a}} \sin \frac{n\pi x}{a}; \quad E_l^{(y)} = \frac{\pi^2 \hbar^2 l^2}{2mb^2}, \quad \varphi_l(y) = \sqrt{\frac{2}{b}} \sin \frac{l\pi y}{b} \quad (\text{E2.6-2})$$

当 $a = b$ 时,$E_{1,1} = 2E_1, E_{1,2} = E_{2,1} = 5E_1, E_{2,2} = 8E_1, E_{1,3} = E_{3,1} = 10E_1, E_1 = \frac{\pi^2 \hbar^2}{2ma^2}$.

E2.7 质量为 m 的粒子在一维势场 $U(x) = U_0 \tan^2 kx$ 中运动,分别就 U_0 很大和很小两种情况,估算粒子的前几个能级的能量 E_n,并与严格解比较.

【提示】 当 U_0 很小时,势场接近于宽度为 π/k 的一维无限深势阱,能级为

$$E_n \simeq \frac{\hbar^2 \pi^2 n^2}{2m\pi^2/k^2} = \frac{\hbar^2 k^2 n^2}{2m}, \quad n = 1, 2, \cdots \quad (\text{E2.7-1})$$

当 U_0 很大时,低能级中的粒子只能在原点附近做微振动,这时势场可以近似表示为

$$U(x) \approx U_0 k^2 x^2 = \frac{1}{2} m\omega^2 x^2 \quad (\text{E2.7-2})$$

其中 $\omega = \sqrt{V_0 \hbar k/m}$，$V_0 = 2mU_0/\hbar^2$. 由此得到

$$E_n \approx \hbar\omega\left(\frac{1}{2} + n\right), \quad n = 0,1,\cdots \quad \text{(E2.7-3)}$$

严格解为

$$E_n = (n^2 + 4\lambda n - 2\lambda)\frac{\hbar^2 k^2}{2m}, \quad \lambda = \frac{1}{2}\sqrt{\frac{V_0}{k^2} + \frac{1}{4}} - \frac{1}{4}, \quad n = 1,2,\cdots$$

$$\text{(E2.7-4)}$$

第三章　量子力学中的力学量

§3.1　学习指导

实验表明,微观粒子具有波粒二象性,在传播过程中出现干涉和衍射现象,显示出波动的特性;在相互作用过程中出现碰撞,能量和动量守恒,显示出粒子性.量子力学理论中用波函数来描述微观粒子的状态,很好地解释了微观粒子波动性的一面,这在上一章中已经作了介绍.本章主要介绍量子力学中力学量的描述,来处理其粒子性的一面.

在经典力学中,粒子的状态用广义坐标和广义动量来描述,力学量是广义坐标和广义动量的函数.在量子力学中,粒子的状态用波函数来描述,坐标和动量成为作用在波函数上的算符.按照对应原理,量子力学中的力学量应该是坐标算符和动量算符的函数,也是一个作用在波函数上的算符.

根据实验,微观粒子的波函数满足叠加原理,因此力学量算符必须是线性算符;力学量的测量结果为相应算符的本征值,它们都是实数,因此力学量算符必须是厄米算符.用波函数来描述微观粒子的状态,用线性厄米算符(以下称厄米算符)来描述微观粒子的力学量,两者相互配合,形成了一个可以全面处理微观粒子波粒二象性特点的完整理论.

本章的主要知识点有

1. 力学量算符

(1) 力学量的描述

量子力学中的力学量 Q 用厄米算符 $\hat{Q}$ 表示,位置算符 $\hat{r} = r$ 和动量算符 $\hat{p} = -i\hbar\nabla$ 是量子力学中最基本的力学量算符,而能量算符,即哈密顿算符 $\hat{H} = \frac{1}{2m}\hat{p}^2 + U(r)$ 是最重要的力学量算符.

厄米算符 $\hat{Q}$ 是自共轭的,即 $\hat{Q}^\dagger = \hat{Q}$. 对于任意两个态函数 ψ, φ,都有

$$\int \psi^* \hat{Q} \varphi \mathrm{d}\tau = \int (\hat{Q}\psi)^* \varphi \mathrm{d}\tau \tag{3-1}$$

厄米算符 $\hat{Q}$ 的本征值 q_n 为实数,对应的本征函数 $\varphi_n(r)$ 满足本征方程

$$\hat{Q}\varphi_n(\boldsymbol{r}) = q_n\varphi_n(\boldsymbol{r}), \tag{3-2}$$

本征函数之间具有正交性. 归一化的本征函数 $\varphi_n(\boldsymbol{r})$ 满足正交归一性关系

$$\int \varphi_m^*(\boldsymbol{r})\varphi_n(\boldsymbol{r})\mathrm{d}\tau = \delta_{m,n}, \tag{3-3}$$

其集合具有完备性

$$\sum_n \varphi_n^*(\boldsymbol{r}')\varphi_n(\boldsymbol{r}) = \delta(\boldsymbol{r}-\boldsymbol{r}'). \tag{3-4}$$

以后我们总是默认力学量算符的本征函数是归一化的,除非另有说明.

(2) 力学量的测量

对力学量 Q 的测量结果为力学量算符 $\hat{Q}$ 的本征值,在本征态 $\varphi_n(x)$ 中测量力学量 Q 得到唯一值 q_n. 在一般状态 ψ 中测量 Q 得到一个概率分布,测出第 n 个本征值 q_n 的概率为

$$w_n = |c_n|^2 \tag{3-5}$$

其中

$$c_n = \int \varphi_n^*(\boldsymbol{r})\psi(\boldsymbol{r})\mathrm{d}\tau \tag{3-6}$$

称为概率幅. 按照概率论,在状态 ψ 中力学量 Q 的期望值为

$$\overline{Q} = \langle Q \rangle = \sum_n w_n q_n = \sum_n |c_n|^2 q_n \tag{3-7a}$$

上式等价于

$$\overline{Q} = \langle Q \rangle = \int \psi^*(x)\hat{Q}\psi(x)\mathrm{d}x \tag{3-7b}$$

作为特例,动量算符 $\hat{p}_x$ 的本征方程为 $\hat{p}_x\psi_p = -\mathrm{i}\hbar\dfrac{\mathrm{d}}{\mathrm{d}x}\psi_p = p\psi_p$,解出本征值 $p \in \mathbf{R}$,对应的本征函数为 $\psi_p = A\mathrm{e}^{\mathrm{i}px/\hbar}$. 由于动量算符的本征值为连续谱,本征函数 ψ_p 的正交归一性关系(3-3)要修正为

$$\int_{-\infty}^{\infty} \psi_{p'}^*(x)\psi_p(x)\mathrm{d}x = \delta(p-p') \tag{3-8}$$

由此得到本征函数中的系数为 $A = 1/\sqrt{2\pi\hbar}$.

坐标算符 $\hat{x} = x$ 的本征方程为 $\hat{x}\psi_{x'}(x) = x'\psi_{x'}(x)$,解出本征值 $x' \in \mathbf{R}$,对应的本征函数为 $\psi_{x'}(x) = \delta(x-x')$. 按(3-6)式,状态 $\psi(x)$ 的概率幅为

$$\int_{-\infty}^{\infty} \delta(x-x')\psi(x)\mathrm{d}x = \psi(x') \tag{3-9}$$

这说明我们常用的波函数实质就是测量力学量 x 时所得到的概率幅.

(3) 两个力学量的关系

与经典理论不同,力学量算符相乘一般不满足交换律,即任意两个力学量算符 $\hat{A},\hat{B}$ 的对易子 $[\hat{A},\hat{B}] = \hat{A}\hat{B} - \hat{B}\hat{A}$ 一般不等于零. 若 $[\hat{A},\hat{B}] = 0$, 则存在共同的本征函数完备集, 其中两个力学量可以同时取确定值; 若 $[\hat{A},\hat{B}] = \hat{C} \neq 0$, 则在任意状态 ψ 中, 存在不确定关系

$$\Delta A \Delta B \geqslant \frac{1}{2}\hbar |\overline{C}| \tag{3-10}$$

其中 $\Delta O = \sqrt{\langle(\hat{O}-\overline{O})^2\rangle}$ 为力学量 O 在状态 ψ 中测量结果的标准差.

作为特例, $[\hat{x},\hat{p}_x] = i\hbar$, 相应的不确定关系为 $\Delta x \Delta p_x \geqslant \dfrac{1}{2}\hbar.$ \quad (3-11)

(4) 力学量完全集

在一个 2 维量子力学系统中, 如果力学量算符 $\hat{A},\hat{B}$ 相互独立且对易, 则它们的共同本征函数集合 $\varphi_{n,k}$ 具有完备性, 即该系统的任意状态 ψ 都可展开为 $\varphi_{n,k}$ 的线性组合

$$\psi = \sum_{n,k} c_{n,k}\varphi_{n,k} \tag{3-12}$$

$w_{n,k} = |c_{n,k}|^2$ 为在状态 ψ 中测量 A 得本征值 a_n, 同时测量 B 得本征值 b_k 的概率. 我们把 $\{\hat{A},\hat{B}\}$ 称为 2 维系统的一组力学量完全集.

类似地, r 个彼此独立、互相对易的力学量 $\{\hat{A}_1,\hat{A}_2,\cdots,\hat{A}_r\}$ 具有共同本征函数 $\varphi_{k_1k_2\cdots k_r}$, 对应的量子数集合 $\{k_1,k_2,\cdots,k_r\}$ 能完全确定 r 维系统的一个状态, 系统的任意状态都可以展开为共同本征函数 $\varphi_{k_1k_2\cdots k_r}$ 集合的线性组合, 称此力学量集合为该 r 维系统的一组力学量完全集.

2. 力学量的演化

(1) 力学量的演化规律

在一般状态中, 力学量 O 的期望值 $\overline{O}$ 随时间的变化满足关系

$$i\hbar \frac{d\langle O \rangle}{dt} = i\hbar \left\langle \frac{\partial \hat{O}}{\partial t} \right\rangle + \langle [\hat{O},\hat{H}] \rangle \tag{3-13}$$

(2) 守恒量

若力学量算符 $\hat{O}$ 不显含时间 t, 并满足条件 $[\hat{O},\hat{H}] = 0$, 则称为体系的一个守恒量. 守恒量 $\hat{O}$ 在任何状态下测量结果的概率分布以及期望值 $\overline{O}$ 都不随时间变化.

守恒量往往与微观系统哈密顿算符的某种对称性(变换不变性)相联系,例如,动量守恒与系统的空间平移不变性有关;能量守恒与系统的时间平移不变性有关;角动量守恒与系统的空间转动不变性有关,这些结果在经典力学中也成立.宇称 P 是量子力学中特有的力学量,对应的算符记为 $\hat{P}$. 当系统的波函数满足条件 $\hat{P}\psi(r) = \psi(-r) = \psi(r)$ 时,称为偶宇称态;当 $\hat{P}\psi(r) = -\psi(r)$ 时,称为奇宇称态.宇称守恒与系统的空间反射不变性有关.

3. 中心势场问题

(1) 角动量算符

在量子力学中,角动量算符为 $\hat{L} = \hat{r} \times \hat{p} = -i\hbar r \times \nabla$. 角动量分量之间满足对易关系

$$[\hat{L}_x, \hat{L}_y] = i\hbar\hat{L}_z, \quad [\hat{L}_y, \hat{L}_z] = i\hbar\hat{L}_x, \quad [\hat{L}_z, \hat{L}_x] = i\hbar\hat{L}_y \text{ 或 } \hat{L} \times \hat{L} = i\hbar\hat{L} \tag{3-14}$$

上式可以简写为 $[\hat{L}_i, \hat{L}_j] = i\hbar\varepsilon_{ijk}\hat{L}_k$,其中 ε_{ijk} 为 Levi–Civita 符号(见附录 A 的公式(A1-3)).

在球坐标中,角动量 z 分量和角动量平方算符分别为

$$\hat{L}_z = -i\hbar\frac{\partial}{\partial\varphi}, \quad \hat{L}^2 = -\hbar^2\Delta_\Omega. \tag{3-15}$$

其中 $\Delta_\Omega = \dfrac{1}{\sin\theta}\dfrac{\partial}{\partial\theta}\sin\theta\dfrac{\partial}{\partial\theta} + \dfrac{1}{\sin^2\theta}\dfrac{\partial^2}{\partial\varphi^2}$ 为球面拉普拉斯算符. $\hat{L}^2, \hat{L}_z$ 满足对易关系 $[\hat{L}^2, \hat{L}_z] = 0$,具有共同的本征函数 $Y_{lm}(\theta,\varphi)$,满足本征方程组

$$\begin{cases} \hat{L}^2 Y_{lm}(\theta,\varphi) = l(l+1)\hbar^2 Y_{lm}(\theta,\varphi), \quad l \in \mathbf{N} \\ \hat{L}_z Y_{lm}(\theta,\varphi) = m\hbar Y_{lm}(\theta,\varphi), \quad |m| \leq l, \, m \in \mathbf{Z} \end{cases} \tag{3-16}$$

式中 l 为角量子数,m 为磁量子数,归一化的 $Y_{lm}(\theta,\varphi)$ 称为球谐函数,满足正交归一性关系

$$\iint Y_{l'm'}^*(\theta,\varphi) Y_{lm}(\theta,\varphi) d\Omega = \delta_{l'l}\delta_{m'm} \tag{3-17}$$

具体形式和性质参见附录 A 的公式(A2-9).

(2) 中心势场的定态薛定谔方程

质量为 m 的粒子在中心势场 $U(r)$ 中运动,哈密顿算符为

$$\hat{H} = -\frac{\hbar^2}{2m}\nabla^2 + U(r) = -\frac{\hbar^2}{2m}\left(\frac{\partial^2}{\partial r^2} + \frac{2}{r}\frac{\partial}{\partial r}\right) + \frac{\hat{L}^2}{2mr^2} + U(r) \tag{3-18}$$

容易验证 $[\hat{H},\hat{L}^2] = [\hat{H},\hat{L}_z] = 0$,这表明 $\{\hat{H},\hat{L}^2,\hat{L}_z\}$ 为三维空间中的一组守恒力学量完全集. 它们的共同本征态为

$$\psi(r,\theta,\varphi) = R_{nl}(r)Y_{lm}(\theta,\varphi), \quad \begin{cases} l = 0,1,2,\cdots \\ m = l,l-1,\cdots,-l \end{cases} \quad (3\text{-}19)$$

上式中径向本征函数 $R_{nl}(r)$ 满足定态薛定谔方程的径向部分

$$\left[\frac{\mathrm{d}^2}{\mathrm{d}r^2} + \frac{2}{r}\frac{\mathrm{d}}{\mathrm{d}r} + k^2 - V(r) - \frac{l(l+1)}{r^2}\right]R(r) = 0 \quad (3\text{-}20)$$

其中 $k = \sqrt{2mE/\hbar^2}$ 具有波数的量纲, $V = 2mU/\hbar^2$ 为重新标度后的势能.

定义约化的径向本征函数 $u_{nl}(r) = rR_{nl}(r)$, (3-20) 式化为

$$u''(r) + \left[k^2 - V(r) - \frac{l(l+1)}{r^2}\right]u(r) = 0 \quad (3\text{-}21)$$

称为约化的径向方程. 与约化的径向本征函数对应的归一化条件为

$$\int_0^\infty |u(r)|^2 \mathrm{d}r = 1 \quad (3\text{-}22)$$

在一般情况下,能量由主量子数 n 和角量子数 l 共同确定,即 $E = E_{nl}$,与磁量子数 m 无关,因此能级简并度为 $2l+1$.

(3) 径向概率分布和角向概率分布

定态 $\psi_{nlm}(r,\theta,\varphi)$ 中,在 $r \to r + \mathrm{d}r$ 球壳层找到粒子的概率为 $r^2\mathrm{d}r\int|\psi_{nlm}|^2\mathrm{d}\Omega$,定义径向概率密度为单位厚度球壳层内的概率,即

$$w(r) = r^2\int|\psi_{nlm}|^2\mathrm{d}\Omega = [R_{nl}(r)\cdot r]^2 = u_{nl}(r)^2 \quad (3\text{-}23)$$

同样,粒子在 (θ,φ) 方向的立体角 $\mathrm{d}\Omega$ 内的概率为 $|Y_{lm}(\theta,\varphi)|^2\mathrm{d}\Omega$,角向概率密度为

$$w(\theta,\varphi) = |Y_{lm}(\theta,\varphi)|^2 \propto |P_l^m(\cos\theta)|^2 \quad (3\text{-}24)$$

(4) 氢原子情况

假设原子核不动,取为坐标原点,电子运动的势场为 $U(r) = -e_s^2/r$. 当能量 $E < 0$ 时,系统处于束缚定态,能量本征值为

$$E_n = \frac{E_1}{n^2}, n = 1,2,3,\cdots$$

$$E_1 = -\frac{m_e e_s^4}{2\hbar^2} = -\frac{e_s^2}{2a_0} \approx -13.6 \text{ eV} \quad (3\text{-}25)$$

上式中 $a_0 = \hbar^2/(m_e e_s^2)$ 称为玻尔半径. 而对应的本征函数为

$$\psi_{nlm}(r,\theta,\varphi) = R_{nl}(r) Y_{lm}(\theta,\varphi), \quad \begin{cases} n = 1,2,\cdots \\ l = 0,1,2,\cdots,n-1 \\ m = l, l-1, \cdots, -l \end{cases} \quad (3\text{-}26)$$

其中径向函数 $R_{nl}(r)$ 的具体形式参见附录 A. 由于能量仅与主量子数 n 有关,因此能级简并度为

$$f_n = \sum_{l=0}^{n-1}(2l+1) = n^2 \quad (3\text{-}27)$$

如果考虑氢原子核的运动,上述公式中的电子质量 m_e 应修正为折合质量 $m_\mu = m_e m_p/(m_e + m_p)$;对于核电荷为 Z 的类氢离子,能量本征值应改变为 $Z^2 E_n$,径向函数变为 $R_{nl}(Zr)$.

§3.2 习题分析与求解

3.1 一维线性谐振子处在基态 $\psi(x) = \sqrt{\alpha/\sqrt{\pi}}\, e^{-\frac{1}{2}\alpha^2 x^2}$,求

(1) 势能的期望值 $\overline{U} = \frac{1}{2}m\omega^2 \overline{x^2}$;

(2) 动能的期望值 $\overline{T} = \frac{1}{2m}\overline{p^2}$;

(3) 动量的概率分布函数.

【题意分析】

已知条件:一维线性谐振子处在能量本征态 $\psi(x) = \psi_0(x)$,对应能量 $E_0 = \frac{1}{2}\hbar\omega$.

待求问题:(1) 势能期望值 $\overline{U}$,(2) 动能期望值 $\overline{T}$,(3) 动量概率分布函数 $w(p)$.

相互联系:

$$\overline{O} = \int \psi_n^*(x) \hat{O} \psi_n(x) \, dx \quad (3.1\text{-}1)$$

$$w(p) = |c(p)|^2, \quad c(p) = \int \psi_p^*(x) \psi(x) \, dx, \quad \psi_p(x) = \frac{1}{\sqrt{2\pi\hbar}} e^{ipx/\hbar}$$

$$(3.1\text{-}2)$$

【求解过程】

解一：

利用附录 A 中的积分公式，立刻得到

$$\overline{U} = \frac{1}{2}m\omega^2 \overline{x^2} = \frac{1}{2}m\omega^2 \frac{\alpha}{\sqrt{\pi}} \int_{-\infty}^{\infty} x^2 e^{-\alpha^2 x^2} dx = \frac{1}{2} \frac{m\omega^2}{\alpha^2 \sqrt{\pi}} \int_{-\infty}^{\infty} \xi^2 e^{-\xi^2} d\xi$$

$$= \frac{m\omega^2}{2\alpha^2 \sqrt{\pi}} \cdot \Gamma\left(\frac{3}{2}\right) = \frac{m\omega^2}{2\alpha^2 \sqrt{\pi}} \cdot \frac{\sqrt{\pi}}{2} = \frac{1}{4}\hbar\omega \qquad (3.1\text{-}3)$$

同样地，有

$$\overline{T} = \frac{\alpha}{\sqrt{\pi}} \int e^{-\frac{1}{2}\alpha^2 x^2} \frac{-\hbar^2}{2m} \frac{d^2}{dx^2} e^{-\frac{1}{2}\alpha^2 x^2} dx = \frac{-\hbar^2}{2m} \frac{\alpha^2}{\sqrt{\pi}} \int e^{-\frac{1}{2}\xi^2} \frac{d^2}{d\xi^2} e^{-\frac{1}{2}\xi^2} d\xi$$

$$= \frac{-\hbar^2}{2m} \frac{\alpha^2}{\sqrt{\pi}} \int e^{-\frac{1}{2}\xi^2}(\xi^2 - 1) e^{-\frac{1}{2}\xi^2} d\xi = \frac{-\hbar\omega}{2\sqrt{\pi}} \int_{-\infty}^{\infty} (\xi^2 - 1) e^{-\xi^2} d\xi$$

$$= \frac{-\hbar\omega}{2\sqrt{\pi}} \left[\Gamma\left(\frac{3}{2}\right) - \Gamma\left(\frac{1}{2}\right)\right] = \frac{-\hbar\omega}{2\sqrt{\pi}} \left[\frac{\sqrt{\pi}}{2} - \sqrt{\pi}\right] = \frac{\hbar\omega}{4} \qquad (3.1\text{-}4)$$

动量的概率幅为

$$c(p) = \int_{-\infty}^{\infty} \frac{1}{\sqrt{2\pi\hbar}} e^{-i\frac{px}{\hbar}} \sqrt{\frac{\alpha}{\sqrt{\pi}}} e^{-\frac{1}{2}\alpha^2 x^2} dx$$

$$= \frac{1}{\sqrt{2\pi\hbar}} \sqrt{\frac{\alpha}{\sqrt{\pi}}} \int_{-\infty}^{\infty} e^{-i\frac{px}{\hbar}} e^{-\frac{1}{2}\alpha^2 x^2} dx = \frac{1}{\sqrt{2\pi\hbar}} \sqrt{\frac{\alpha}{\sqrt{\pi}}} \int_{-\infty}^{\infty} e^{-\frac{p^2}{2\alpha^2\hbar^2}} e^{-\frac{1}{2}\alpha^2(x+ip/\alpha^2\hbar)^2} dx$$

$$= \frac{1}{\sqrt{2\pi\hbar}} \sqrt{\frac{\alpha}{\sqrt{\pi}}} e^{-\frac{p^2}{2\alpha^2\hbar^2}} \cdot \frac{\sqrt{2}}{\alpha} \Gamma\left(\frac{1}{2}\right) = \sqrt{\frac{1}{\alpha\hbar\sqrt{\pi}}} e^{-\frac{p^2}{2\alpha^2\hbar^2}} \qquad (3.1\text{-}5)$$

因此，动量的概率分布函数为

$$w(p) = |c(p)|^2 = \frac{1}{\alpha\hbar\sqrt{\pi}} e^{-\frac{p^2}{\alpha^2\hbar^2}} \qquad (3.1\text{-}6)$$

解二：

利用谐振子本征函数的递推公式(2-17)，得到

$$x\psi_0 = \frac{1}{\alpha}\sqrt{\frac{1}{2}}\psi_1$$

$$x^2\psi_0 = \frac{1}{\alpha}\sqrt{\frac{1}{2}}x\psi_1 = \frac{1}{\alpha^2}\sqrt{\frac{1}{2}}\left(\sqrt{\frac{1}{2}}\psi_0 + \psi_2\right) = \frac{1}{\alpha^2}\left(\frac{1}{2}\psi_0 + \sqrt{\frac{1}{2}}\psi_2\right)$$

于是有

$$\overline{U} = \frac{m\omega^2}{2}\int\psi_0^* x^2 \psi_0 \mathrm{d}x = \frac{m\omega^2}{2\alpha^2}\int\psi_0^*\left(\frac{1}{2}\psi_0 + \sqrt{\frac{1}{2}}\psi_2\right)\mathrm{d}x = \frac{m\omega^2}{4\alpha^2} = \frac{1}{4}\hbar\omega \tag{3.1-7}$$

计算中利用了本征函数的正交归一性.

类似地,由递推公式(2-17)可以得到

$$\frac{\mathrm{d}^2}{\mathrm{d}x^2}\psi_0 = -\alpha^2\left(\frac{1}{2}\psi_0 - \sqrt{\frac{1}{2}}\psi_2\right)$$

由此计算出

$$\overline{T} = \frac{-\hbar^2}{2m}\int\psi_0^*\frac{\mathrm{d}^2}{\mathrm{d}x^2}\psi_0 \mathrm{d}x = \frac{\hbar^2\alpha^2}{2m}\int\psi_0^*\left(\frac{1}{2}\psi_0 - \sqrt{\frac{1}{2}}\psi_2\right)\mathrm{d}x = \frac{\hbar^2\alpha^2}{4m} = \frac{1}{4}\hbar\omega \tag{3.1-8}$$

令 $k = p/\hbar$,动量的概率幅为

$$c(p) = \int_{-\infty}^{\infty}\frac{1}{\sqrt{2\pi\hbar}}e^{-ikx}\psi(x)\mathrm{d}x = \frac{1}{\sqrt{\hbar}}\int_{-\infty}^{\infty}\frac{1}{\sqrt{2\pi}}e^{-ikx}\psi(x)\mathrm{d}x = \frac{1}{\sqrt{\hbar}}\widetilde{\psi(x)} \tag{3.1-9}$$

上式中的积分就是波函数的傅里叶变换 $\widetilde{\psi(x)}$,利用 Mathematica 命令
`FourierTransform[Sqrt[α/Sqrt[Pi]]`
`Exp[-α^2 x^2/2], x, k, FourierParameters -> {0, -1},`
`Assumptions→α>0]`
立刻得到

$$\widetilde{\psi(x)} = \frac{1}{\sqrt{\alpha\sqrt{\pi}}}e^{-\frac{k^2}{2\alpha^2}}$$

由此推出

$$c_p = \frac{1}{\sqrt{\hbar}}\widetilde{\psi(x)} = \sqrt{\frac{1}{\alpha\hbar\sqrt{\pi}}}e^{-\frac{p^2}{2\alpha^2\hbar^2}} \tag{3.1-10}$$

解三:

将赫尔曼-费恩曼定理(见扩展练习题 E3.1) $\frac{\partial E_n}{\partial \lambda} = \int\psi_n^*\frac{\partial \hat{H}}{\partial \lambda}\psi_n \mathrm{d}\tau$ 应用到本题中,考虑到 $E_n = \hbar\omega\left(n + \frac{1}{2}\right)$,$H = \frac{-\hbar^2}{2m}\frac{\mathrm{d}^2}{\mathrm{d}x^2} + \frac{1}{2}m\omega^2 x^2$,取参数 $\lambda = \omega$,得

到

$$\hbar\left(n+\frac{1}{2}\right)=\int\psi_n^*\, m\omega x^2 \psi_n\,\mathrm{d}\tau = \overline{m\omega x^2}=\frac{2}{\omega}\overline{U}\Rightarrow \overline{U}=\frac{1}{2}\hbar\omega\left(n+\frac{1}{2}\right) \tag{3.1-11}$$

取 $\lambda=\hbar$,得到

$$\omega\left(n+\frac{1}{2}\right)=\int\psi_n^*\,\frac{-2\hbar}{2m}\frac{\mathrm{d}^2}{\mathrm{d}x^2}\psi_n\,\mathrm{d}\tau=\frac{2}{h}\overline{T}\Rightarrow \overline{T}=\frac{1}{2}\hbar\omega\left(n+\frac{1}{2}\right) \tag{3.1-12}$$

【物理讨论】

由于 $\hat{H}=\hat{T}+\hat{U}$,因此有期望值关系 $\overline{T}+\overline{U}=\overline{E}$,容易看出本题的结果符合此关系. 反过来,利用这个关系可以简化计算. 在本题中,期望值关系为

$$\overline{T}+\overline{U}=E_n=\frac{2n+1}{2}\hbar\omega \tag{3.1-13}$$

对束缚定态,利用位力定理(见扩展练习题 E3.2) $2\overline{T}=\overline{\boldsymbol{r}\cdot\boldsymbol{\nabla} U}$,即得

$$2\overline{T}=\overline{\boldsymbol{r}\cdot\boldsymbol{\nabla} U}=\overline{x\cdot\left(\frac{1}{2}m\omega^2 x^2\right)'}=\overline{m\omega^2 x^2}=2\overline{U} \tag{3.1-14}$$

联合(3.1-13)与(3.1-14)两式,可以解出

$$\overline{T}=\overline{U}=\frac{E_n}{2}=\frac{2n+1}{4}\hbar\omega \tag{3.1-15}$$

这个结果对一维线性谐振子的所有能级都正确.

3.2 氢原子处在基态 $\psi(r,\theta,\varphi)=\dfrac{1}{\sqrt{\pi a_0}}\mathrm{e}^{-\frac{r}{a_0}}$,求

(1) r 的期望值;

(2) 势能 $-\dfrac{e^2}{r}$ 的期望值;

(3) 最概然半径;

(4) 动能的期望值;

(5) 动量的概率分布函数.

【题意分析】

已知条件:氢原子处在状态 $\psi=\psi_{1,0,0}(r,\theta,\varphi)=R_{1,0}(r)Y_{0,0}(\theta,\varphi)$,其中径

向波函数为

$$R(r) = R_{1,0}(r) = 2\mathrm{e}^{-r/a_0}/\sqrt{a_0^3} \qquad (3.2\text{-}1)$$

待求问题:(1) r 的期望值 $\bar{r}$;(2) 势能期望值 $\bar{U}$;(3) 最概然半径 r_p;(4) 动能期望值 $\bar{T}$;(5) 动量概率分布函数 $w(\boldsymbol{p})$.

相互联系:

$$\bar{Q} = \int \psi^*(\boldsymbol{r})\hat{Q}\psi(\boldsymbol{r})\mathrm{d}\tau = \sum_n |c_n|^2 q_n \qquad (3.2\text{-}2\mathrm{a})$$

$$w(\boldsymbol{p}) = |c(\boldsymbol{p})|^2, c(\boldsymbol{p}) = \iiint \psi_p^*(\boldsymbol{r})\psi(\boldsymbol{r})\mathrm{d}\tau, \psi_p(\boldsymbol{r}) = \frac{1}{(\sqrt{2\pi\hbar})^3}\mathrm{e}^{i\boldsymbol{p}\cdot\boldsymbol{r}/\hbar} \qquad (3.2\text{-}2\mathrm{b})$$

$$w(r_p) = \max w(r), w(r) = R^2(r)r^2 \qquad (3.2\text{-}2\mathrm{c})$$

【求解过程】

解一:

考虑到力学量 r 与角度无关,代入(3.2-2a)式可以简化为

$$\bar{r} = \int_0^\pi \sin\theta\mathrm{d}\theta\int_0^{2\pi}\mathrm{d}\varphi\int_0^\infty \psi(r)r\psi(r)r^2\mathrm{d}r = 4\pi\cdot\frac{1}{\pi a_0^3}\int_0^\infty \mathrm{e}^{-2r/a_0}r^3\mathrm{d}r = \frac{3}{2}a_0 \qquad (3.2\text{-}3)$$

同理可得

$$\bar{U} = \iint \mathrm{d}\Omega\int_0^\infty \psi(r)\frac{-e_s^2}{r}\psi(r)r^2\mathrm{d}r = 4\pi\cdot\frac{-e_s^2}{\pi a_0^3}\int_0^\infty \mathrm{e}^{-2r/a_0}r\mathrm{d}r$$

$$= \frac{-e_s^2}{a_0}\int_0^\infty \mathrm{e}^{-\xi}\xi\mathrm{d}\xi = \frac{-e_s^2}{a_0}\Gamma(2) = \frac{-e_s^2}{a_0} \qquad (3.2\text{-}4)$$

利用动能算符的分解式 $\hat{T} = -\frac{\hbar^2}{2mr}\frac{\partial^2}{\partial r^2}r + \frac{\hat{L}^2}{2mr^2}$ 和本征方程 $\hat{L}^2 Y_{0,0} = 0$,可以推出

$$\bar{T} = \iint \mathrm{d}\Omega\int_0^\infty \left[\psi(r)\frac{-\hbar^2}{2mr}\frac{\partial^2}{\partial r^2}r\psi(r)\right]r^2\mathrm{d}r = \frac{-\hbar^2}{2m}\int_0^\infty R(r)\frac{1}{r}\frac{\partial^2(rR(r))}{\partial r^2}r^2\mathrm{d}r$$

$$= \frac{-2\hbar^2}{ma_0^3}\int_0^\infty \mathrm{e}^{-2r/a_0}\frac{r}{a_0}\left(\frac{r}{a_0}-2\right)\mathrm{d}r = \frac{-\hbar^2}{ma_0^2}\left[\frac{1}{4}\Gamma(3) - \Gamma(2)\right] = \frac{\hbar^2}{2ma_0^2} = \frac{e_s^2}{2a_0} \qquad (3.2\text{-}5)$$

在最概然半径处,径向概率

$$w(r) = R^2(r)r^2 = \frac{4e^{-2r/a_0}}{a_0^3}r^2 \qquad (3.2\text{-}6)$$

取最大值. 由极值条件 $[\ln w(r)]' = -2/a_0 + 2/r = 0$, 立刻得到 $r = a_0$.

动量分布的概率幅为

$$c(\boldsymbol{p}) = \iiint \psi_p^*(\boldsymbol{r})\psi(\boldsymbol{r})\mathrm{d}\tau = \frac{1}{(\sqrt{2\pi\hbar})^3}\iiint e^{-i\frac{\boldsymbol{p}\cdot\boldsymbol{r}}{\hbar}}\frac{1}{\sqrt{\pi a_0^3}}e^{-r/a_0}\mathrm{d}\tau$$

$$= \frac{1}{(\sqrt{2\pi\hbar})^3\sqrt{\pi a_0^3}}\int_0^\infty r^2\mathrm{d}r\int_0^\pi \sin\theta\mathrm{d}\theta\int_0^{2\pi}\mathrm{d}\varphi\left(e^{-i\frac{p\cdot r\cos\theta}{\hbar}}e^{-r/a_0}\right)$$

令 $k = p/\hbar$, 上式化为

$$c(\boldsymbol{p}) = \frac{2\pi}{(\sqrt{2\pi\hbar})^3\sqrt{\pi a_0^3}}\int_0^\infty r^2 e^{-r/a_0}\mathrm{d}r\int_0^\pi \sin\theta\mathrm{d}\theta\ e^{-ikr\cos\theta}$$

$$= \frac{2}{\pi(2a_0\hbar)^{3/2}}\int_0^\infty r^2 e^{-r/a_0}\mathrm{d}r\frac{2\sin kr}{kr} = \frac{4}{\pi k(2a_0\hbar)^{3/2}}\cdot\frac{2a_0^3 k}{(1+a_0^2 k^2)^2}$$

$$= \left(\frac{2a_0}{\hbar}\right)^{\frac{3}{2}}\cdot\frac{1}{\pi(1+a_0^2 k^2)^2}$$

因此, 动量的概率分布函数为

$$w(\boldsymbol{p}) = |c(\boldsymbol{p})|^2 = \left(\frac{2a_0}{\hbar}\right)^3\cdot\frac{1}{\pi^2(1+a_0^2 k^2)^4} = \frac{8a_0^3\hbar^5}{\pi^2(\hbar^2+a_0^2 p^2)^4}$$

$$(3.2\text{-}7)$$

解二:

将赫尔曼 – 费恩曼定理 $\dfrac{\partial E_n}{\partial \lambda} = \int \psi_n^* \dfrac{\partial \hat{H}}{\partial \lambda}\psi_n \mathrm{d}\tau = \overline{\dfrac{\partial \hat{H}}{\partial \lambda}}$ 应用到本题中, 注意 E_n $= -\dfrac{me_s^4}{2\hbar^2}\cdot\dfrac{1}{n^2}$, $H = \dfrac{-\hbar^2}{2m}\nabla^2 - \dfrac{e_s^2}{r}$. 取参数 $\lambda = e_s^2$, 得到

$$-\frac{me_s^2}{\hbar^2}\cdot\frac{1}{n^2} = -\overline{\frac{1}{r}} = \frac{1}{e_s^2}\overline{U}\Rightarrow \overline{U} = -\frac{me_s^4}{\hbar^2}\cdot\frac{1}{n^2} = -\frac{e_s^2}{a_0}\cdot\frac{1}{n^2} \qquad (3.2\text{-}8)$$

取 $\lambda = \hbar^2$, 得到

$$\frac{\partial E_n}{\partial \lambda} = \frac{me_s^4}{2\hbar^4}\cdot\frac{1}{n^2} = \overline{\frac{-1}{2m}\nabla^2} = \frac{1}{\hbar^2}\overline{T}\Rightarrow \overline{T} = \hbar^2\frac{me_s^4}{2\hbar^4}\cdot\frac{1}{n^2}$$

$$= \frac{me_s^4}{2\hbar^2}\cdot\frac{1}{n^2} = \frac{e_s^2}{2a_0}\cdot\frac{1}{n^2} \qquad (3.2\text{-}9)$$

利用三重积分的 Mathematica 命令

```
Integrate[r^2 Sin[θ] Exp[ -I k r Cos[θ] -r/a0],
{r,0,∞},{θ,0,Pi},{φ,0,2 Pi},Assumptions→a0 >0&& k >0]
```

立刻得到

$$\int_0^\infty r^2 \mathrm{d}r \int_0^\pi \sin\theta \mathrm{d}\theta \int_0^{2\pi} \mathrm{d}\varphi (\mathrm{e}^{-\mathrm{i}kr\cos\theta}\mathrm{e}^{-r/a_0}) = \frac{8a_0^3 \pi}{(1+a_0^2 k^2)^2}$$

于是有

$$c(\boldsymbol{p}) = \frac{1}{(\sqrt{2\pi\hbar})^3}\iiint \mathrm{e}^{-\mathrm{i}\frac{\boldsymbol{p}\cdot\boldsymbol{r}}{\hbar}}\frac{1}{\sqrt{\pi a_0^3}}\mathrm{e}^{-r/a_0}\mathrm{d}\tau$$

$$= \frac{1}{(\sqrt{2\pi\hbar})^3}\frac{1}{\sqrt{\pi a_0^3}}\int_0^\infty r^2 \mathrm{d}r \int_0^\pi \sin\theta \mathrm{d}\theta \int_0^{2\pi} \mathrm{d}\varphi (\mathrm{e}^{-\mathrm{i}\frac{pr\cos\theta}{\hbar}-\frac{r}{a_0}})$$

$$= \frac{1}{\sqrt{8\pi^4\hbar^3 a_0^3}}\frac{8a_0^3 \pi}{(1+a_0^2 k^2)^2}$$

【物理讨论】

在本题中,动能与势能的期望值满足关系

$$\overline{T} + \overline{U} = E_n = -\frac{e_s^2}{2a_0}\cdot\frac{1}{n^2} \tag{3.2-10}$$

利用位力定理 $2\overline{T} = \overline{\boldsymbol{r}\cdot\boldsymbol{\nabla} U}$,得到

$$2\overline{T} = \overline{\boldsymbol{r}\cdot\boldsymbol{\nabla} U} = \overline{\boldsymbol{r}\cdot\frac{e_s^2}{r^2}\boldsymbol{e}_r} = \overline{-U} = -\overline{U} \tag{3.2-11}$$

联合(3.2-10)与(3.2-11)两式,可以解出

$$\overline{T} = \frac{e_s^2}{2a_0}\cdot\frac{1}{n^2},\ \overline{U} = -\frac{e_s^2}{a_0}\cdot\frac{1}{n^2} \tag{3.2-12}$$

3.3 证明氢原子中电子运动所产生的电流密度在球坐标中的分量是

$$J_{er} = J_{e\theta} = 0,\ J_{e\varphi} = -\frac{e\hbar m}{m_e r \sin\theta}|\psi_{nlm}|^2$$

【题意分析】

已知条件:氢原子中电子处于某个定态,波函数为

$$\Psi(\boldsymbol{r},t) = \psi_{nlm}(\boldsymbol{r})\mathrm{e}^{-\frac{\mathrm{i}}{\hbar}E_n t} \tag{3.3-1}$$

其中 $\psi_{nlm}(\boldsymbol{r}) = R_{nl}(r) Y_{lm}(\theta,\varphi)$，$Y_{lm}(\theta,\varphi) = (-1)^m N_{lm} P_l^m(\cos\theta) e^{im\varphi}$.

待求问题：电子运动所产生的电流密度 $\boldsymbol{J}_e$.

相互联系：电流密度 $\boldsymbol{J}_e = -e\boldsymbol{J}$，$\boldsymbol{J}$ 为电子的概率流密度，与波函数满足(2-7)式.

【求解过程】

解一：

将定态波函数(3.3-1)式代入概率流密度公式(2-7)，得到

$$\boldsymbol{J}(\boldsymbol{r},t) = \frac{i\hbar}{2m}[\psi_{nlm}(\boldsymbol{r})\nabla\psi_{nlm}^*(\boldsymbol{r}) - \psi_{nlm}^*(\boldsymbol{r})\nabla\psi_{nlm}(\boldsymbol{r})] \quad (3.3\text{-}2)$$

利用梯度算符在球坐标中的表示形式，容易得到

$$\nabla\psi_{nlm} = (-1)^m N_{lm}\left[\boldsymbol{e}_r P_l^m e^{im\varphi}\frac{\partial R_{nl}}{\partial r} + \boldsymbol{e}_\theta\frac{R_{nl}e^{im\varphi}}{r}\frac{\partial P_l^m}{\partial\theta} + \boldsymbol{e}_\varphi\frac{R_{nl}P_l^m}{r\sin\theta}\frac{\partial e^{im\varphi}}{\partial\varphi}\right]$$
$$(3.3\text{-}3)$$

代入(3.3-2)式后，再进行化简后得到

$$\boldsymbol{J}(\boldsymbol{r},t) = \frac{i\hbar}{2m_e}\left[(N_{lm}R_{nl}P_l^m)^2\left(\frac{-2im}{r\sin\theta}\right)\boldsymbol{e}_\varphi\right] = \frac{\hbar m}{m_e r\sin\theta}|\psi_{nlm}|^2\boldsymbol{e}_\varphi$$
$$(3.3\text{-}4)$$

因此

$$\boldsymbol{J}_e = -e\boldsymbol{J} = \frac{-e\hbar m}{m_e r\sin\theta}|\psi_{nlm}|^2\boldsymbol{e}_\varphi = \frac{-e\hbar m}{m_e r\sin\theta}w_{nl}\boldsymbol{e}_\varphi \quad (3.3\text{-}5)$$

在计算中已经考虑到 $R_{nl}P_l^m$ 为实值函数，概率密度与磁量子数 m 无关.

解二：

容易看出，定态波函数的幅角为

$$\arg\psi(\boldsymbol{r}) = m\varphi \quad (3.3\text{-}6)$$

代入简化后的概率流密度公式(2.1-4)，立刻得到

$$\boldsymbol{J}(\boldsymbol{r}) = \frac{\hbar w(\boldsymbol{r})}{m_e}\nabla\arg\psi(\boldsymbol{r}) = \frac{\hbar w(r,\theta)}{m_e r\sin\theta}m\boldsymbol{e}_\varphi \quad (3.3\text{-}7)$$

根据电流密度公式 $\boldsymbol{J}_e = -e\boldsymbol{J}$，得到与上解同样的结果.

【物理讨论】

由本题的结果，容易发现在定态情况下，氢原子中电流密度的大小随径向位

置 r 和纬度 θ 变化,与经度 φ 无关,其方向总是绕 z 轴旋转. 这与定态波函数是角动量 z 分量的本征函数相对应;如果取定态波函数为角动量 x 分量的本征函数,则得到的电流密度将绕 x 轴旋转. 电流密度在转动过程中保持大小不变,因此可以看作是由许多独立的电流圈组成,这些电流圈所形成的磁矩都沿着 z 轴方向.

3.4 由上题可知,氢原子中的电流可以看作是由许多圆周电流组成的(如图3-1).

(1) 求一圆周电流的磁矩.

(2) 证明氢原子磁矩为 $M = M_z = -me\hbar/(2m_e)$,原子磁矩与角动量之比为

$$\frac{M_z}{L_z} = -\frac{e}{2m_e}$$

这个比值,称为回转磁比率.

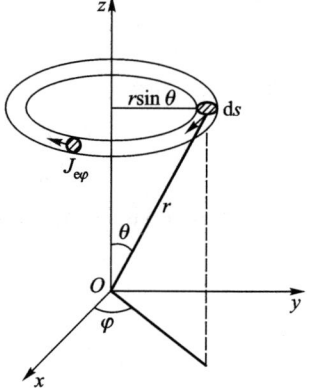

图 3-1

【题意分析】

已知条件:氢原子中的电流密度为

$$\boldsymbol{J}_e = \frac{-e\hbar m}{m_e r \sin\theta} w_{nl} \boldsymbol{e}_\varphi \tag{3.4-1}$$

可以看作是由许多绕 z 轴的圆周电流组成. 径向范围在 $[r, r+dr]$,纬度范围在 $[\theta, \theta+d\theta]$ 内,横截面积为 $dS = rdrd\theta$ 的圆周电流的强度为 $dI = J_e dS$.

待求问题:氢原子的磁矩 M,并由此求出回转磁比率 M_z/L_z.

相互联系:圆周电流所包围的面积为 $A = \pi(r\sin\theta)^2$,产生的元磁矩为 $dM = dI \cdot A$,方向沿着圆周平面的法线,即 z 轴. 整个氢原子的磁矩 M 为元磁矩之和,即

$$M = \iint dM(r,\theta) \tag{3.4-2}$$

【求解过程】

解一:

由电流密度公式(3.4-1)立刻得到元磁矩的大小为

$$dM(r,\theta) = dI \cdot A = J_e r dr d\theta \cdot \pi r^2 \sin^2\theta$$
$$= \frac{-\pi e\hbar m}{m_e r \sin\theta} w_{nl} r^3 dr \sin^2\theta d\theta = \frac{-\pi e\hbar m}{m_e} w_{nl} r^2 dr \sin\theta d\theta \tag{3.4-3}$$

对上式进行积分,得到氢原子的磁矩为

$$M = \iint \mathrm{d}M(r,\theta) = \iint \frac{-\pi e \hbar m}{m_e} w_{nl}(r,\theta) r^2 \mathrm{d}r \sin\theta \mathrm{d}\theta$$

$$= \frac{-\pi e \hbar m}{m_e} \cdot \frac{1}{2\pi} \iiint w_{nl}(r,\theta) r^2 \mathrm{d}r \sin\theta \mathrm{d}\theta \mathrm{d}\varphi = \frac{-e\hbar m}{2m_e} = -mM_B$$

(3.4-4)

其中 $M_B = e\hbar/(2m_e)$ 称为玻尔磁子,计算中利用了归一化条件 $\iiint w \mathrm{d}\tau = 1$.

考虑到同样状态下氢原子的角动量 z 分量为 $L_z = \hbar m$,两者之比,即回转磁比率为

$$\frac{M_z}{L_z} = \frac{M}{L_z} = -\frac{e}{2m_e}$$

(3.4-5)

解二:

在定态中,氢原子内的电子运动可以看成以不同速率和距离绕 z 轴匀速转动的一个概率分布. 考虑一个绕 z 轴,以匀速率 v 做圆周运动的电子,其沿轴角动量为 $L_z = m_e r v$,电流强度为 $I = -\dfrac{ev}{2\pi r}$,沿轴的磁矩为 $M_z = I \cdot A = -\dfrac{ev}{2\pi r}\pi r^2 = -\dfrac{1}{2}evr$,由此得到回转磁比率为 $M_z : L_z = -e : 2m_e$. 这个结果与电子距离 z 轴的远近和运动的速率无关,具有一般性,因而氢原子回转磁比率也是 $M_z : L_z = -e : 2m_e$.

考虑到在定态 ψ_{nlm} 中,氢原子的角动量为 $L_z = m\hbar$. 代入上面得到的回转磁比率,有

$$M_z = -\frac{eL_z}{2m_e} = -\frac{em\hbar}{2m_e} = -mM_B$$

(3.4-6)

【物理讨论】

由上面的结果容易看出,氢原子磁矩的大小与状态的磁量子数 m 成正比,与主量子数 n 和角量子数 l 无关,方向与 z 轴正向相反. 由于公式(3.4-4)中的玻尔磁子为常量,氢原子磁矩为玻尔磁子的整数倍,这表明磁矩也是量子化的.

由于公式(3.4-4)中没有出现核电荷,因而也适用于类氢离子的情况. 对于负介子与质子形成的介子原子,只要将电子质量替换成介子质量,上述结果依然成立. 因为介子质量是电子质量的二百多倍,介子原子的磁矩约为氢原子磁矩的二百分之一. 类似地,质子在原子核内运动形成的磁矩非常小,通常可以忽略

不计.

3.5 一刚性转子转动惯量为 I,它的能量的经典表示式是 $H = \dfrac{L^2}{2I}$,L 为角动量. 求与此对应的量子体系在下列情况下的定态能量及波函数:

(1) 转子绕一固定轴转动;
(2) 转子绕一固定点转动.

【题意分析】

已知条件:转子的哈密顿算符为 $H = L^2/(2I)$.

待求问题:定轴和定点转动情况下的定态能量 E 及波函数 ψ.

相互联系:定态薛定谔方程为 $\hat{H}\psi = E\psi$,在定轴转动时简化为 $\hat{H} = \hat{L}_z^2/2I$.

【求解过程】

解一:

在定轴转动时,定态薛定谔方程为

$$\hat{H}\psi = \dfrac{1}{2I}\hat{L}_z^2\psi = \dfrac{-\hbar^2}{2I}\dfrac{\mathrm{d}^2\psi}{\mathrm{d}\varphi^2} = E\psi \tag{3.5-1}$$

上式的通解为

$$\psi(\varphi) = A\cos m\varphi + B\sin m\varphi, \quad m = \sqrt{2IE/\hbar^2} \tag{3.5-2}$$

考虑到周期性条件 $\psi(\varphi + 2\pi) = \psi(\varphi)$,立刻得到 $m \in \mathbf{N}$. 由此得到定态能量为

$$E_m = m^2\hbar^2/(2I), \quad m \in \mathbf{N} \tag{3.5-3}$$

由(3.5-2)式可知:当 $m = 0$ 时,能级无简并;当 $m > 0$ 时,能级为 2 度简并.

在定点转动时,定态薛定谔方程为

$$\hat{H}\psi = \dfrac{1}{2I}\hat{L}^2\psi = \dfrac{-\hbar^2}{2I}\Delta_\Omega\psi = E\psi \tag{3.5-4}$$

利用周期性条件 $\psi(\theta, \varphi + 2\pi) = \psi(\theta, \varphi)$ 和有界性条件 $|\psi(0,\varphi)|$,$|\psi(\pi,\varphi)| < \infty$,可以解出定态能量为

$$E_l = l(l+1)\hbar^2/(2I), \quad l \in \mathbf{N} \tag{3.5-5}$$

对应的定态波函数为球谐函数 Y_{lm},$l \in \mathbf{N}$,$|m| \leqslant l$,$m \in \mathbf{Z}$. 由于能量与 m 无关,能级为 $2l + 1$ 度简并.

解二:

在定轴转动时,定态薛定谔方程(3.5-1)等价于 $\hat{L}_z^2\psi = 2IE\psi$,由角动量 z 分

量的本征方程 $\hat{L}_z\psi_m = m\hbar\psi_m$,可以得到 $\hat{L}_z^2\psi_m = m^2\hbar^2\psi_m$.与定态薛定谔方程进行比较,立刻得到定态能量为

$$E_m = m^2\hbar^2/(2I), m \in \mathbf{N} \tag{3.5-6}$$

对应的定态波函数为

$$\psi(\varphi) = \frac{1}{\sqrt{2\pi}}e^{\pm im\varphi} \tag{3.5-7}$$

在定点转动时,定态薛定谔方程(3.5-4)等价于 $\hat{L}^2\psi = 2IE\psi$,与角动量平方的本征方程 $\hat{L}^2Y_{lm} = l(l+1)\hbar^2Y_{lm}$ 进行比较,得到定态能量为

$$E_l = l(l+1)\hbar^2/(2I), l \in \mathbf{N} \tag{3.5-8}$$

对应的定态波函数为

$$\psi = Y_{lm}, \quad |m| \leq l, \quad m \in \mathbf{Z} \tag{3.5-9}$$

【物理讨论】

本题中我们看到,虽然 $\hat{L}_z$ 的本征值无简并,但是 $\hat{L}_z^2$ 的本征值却出现了简并.一般来说,如力学量 Q 的本征值 q_n,简并度为 ω_n,对应的本征函数 φ_{ni},$i = 1, 2, \cdots, \omega_n$,将力学量的函数 $F(\hat{Q})$ 作用到 φ_{ni} 上,得到 $F(\hat{Q})\varphi_{ni} = F(q_n)\varphi_{ni}$.这说明 φ_{ni} 也是 $F(\hat{Q})$ 的本征函数,相应的本征值为 $f_n = F(q_n)$.如果 $F(Q)$ 为单调函数,本征值 f_n 的简并度仍然为 ω_n;如果 $F(Q)$ 为非单调函数,本征值 f_n 的简并度为满足方程 $f_n = F(q_n)$ 的所有 q_n 的简并度之和.

3.6 设 $t = 0$ 时,粒子的状态为

$$\psi(x) = A\left(\sin^2 kx + \frac{1}{2}\cos kx\right)$$

求此时粒子的动量期望值和动能期望值.

【题意分析】

已知条件:粒子的状态为 $\psi(x) = \frac{1}{2}A(1 - \cos 2kx + \cos kx)$.

待求问题:粒子动量期望值 $\bar{p}$ 和动能期望值 $\bar{T} = \overline{p^2/(2m)}$.

相互联系:$\overline{f(p)} = \sum_n |c_n|^2 f(p_n)$,其中 c_n 为动量取值 p_n 时的概率幅.

【求解过程】

解一:

考虑到动量算符的本征值为 p,对应的本征函数为 $\varphi_p(x) = e^{-ipx/\hbar}/\sqrt{2\pi\hbar}$,波函数可以分解为

$$\psi(x) = \frac{1}{2}A(1 - \cos 2kx + \cos kx) = \frac{1}{2}A\left[1 - \frac{1}{2}(e^{i2kx} + e^{-i2kx}) + \frac{1}{2}(e^{ikx} + e^{-ikx})\right]$$

$$= B\left[\varphi_0 - \frac{1}{2}\varphi_{2k\hbar} - \frac{1}{2}\varphi_{-2k\hbar} + \frac{1}{2}\varphi_{k\hbar} + \frac{1}{2}\varphi_{-k\hbar}\right], \quad B = \frac{1}{2}A\sqrt{2\pi\hbar}$$

由此得到状态按动量的分布情况

状态	φ_0	$\varphi_{2k\hbar}$	$\varphi_{-2k\hbar}$	$\varphi_{k\hbar}$	$\varphi_{-k\hbar}$
概率幅 c_n	B	$-\frac{1}{2}B$	$-\frac{1}{2}B$	$\frac{1}{2}B$	$\frac{1}{2}B$
概率 $w_n = \|c_n\|^2$	B^2	$\frac{1}{4}B^2$	$\frac{1}{4}B^2$	$\frac{1}{4}B^2$	$\frac{1}{4}B^2$
动量的可能值 p_n	0	$2k\hbar$	$-2k\hbar$	$k\hbar$	$-k\hbar$
动能的可能值 $\frac{1}{2m}p_n^2$	0	$\frac{2}{m}k^2\hbar^2$	$\frac{2}{m}k^2\hbar^2$	$\frac{1}{2m}k^2\hbar^2$	$\frac{1}{2m}k^2\hbar^2$

由归一化条件得到

$$1 = \sum_n w_n = 2B^2 \Rightarrow B = \frac{1}{2}\sqrt{2} \tag{3.6-1}$$

动量的期望值为

$$\bar{p} = \sum_n w_n p_n = 0 \tag{3.6-2}$$

动能的期望值为

$$\bar{T} = \overline{\frac{p^2}{2m}} = \sum_n w_n \frac{1}{2m}p_n^2 = \frac{5k^2\hbar^2}{4m}B^2 = \frac{5k^2\hbar^2}{8m} \tag{3.6-3}$$

解二:

容易看出本题中 $\int_{-\infty}^{\infty} |\psi(x)|^2 dx$ 发散,无法直接归一化. 然而,注意到波函数为周期函数,最小正周期为 $T = \pi/k$,因此我们可以在一个周期内进行归一化,即

$$1 = \int_0^{\pi/k} |\psi(x)|^2 dx = \frac{\pi}{2k}A^2 \Rightarrow A^2 = \frac{2k}{\pi} \tag{3.6-4}$$

在该周期内,动量期望值为

$$\bar{p} = \int_0^{\pi/k} \psi^*(x) \frac{\hbar}{i} \frac{d}{dx} \psi(x) dx = 0 \qquad (3.6\text{-}5)$$

动能期望值为

$$\bar{T} = \overline{\frac{1}{2m}\hat{p}^2} = \int_0^{\pi/k} \psi^*(x) \frac{-\hbar^2}{2m} \frac{d^2}{dx^2} \psi(x) dx = \frac{5\pi\hbar^2 k}{16m} A^2 = \frac{5\hbar^2 k^2}{8m}$$

$$(3.6\text{-}6)$$

由于求导不改变函数的周期性,因此上面得到的周期期望值也是全空间期望值.

【物理讨论】

一般来说,无论状态 ψ 是否归一化,下列期望值公式都成立

$$\bar{Q} = \lim_{R \to \infty} \frac{\int_{-R}^{R} \psi^*(x) \hat{Q} \psi(x) dx}{\int_{-R}^{R} \psi^*(x) \psi(x) dx} \qquad (3.6\text{-}7)$$

对于周期函数表示的状态 ψ,如果 $\hat{Q}\psi(x)$ 仍然为同周期的函数,上式成为

$$\bar{Q} = \lim_{N \to \infty} \frac{N \int_0^T \psi^*(x) \hat{Q} \psi(x) dx}{N \int_0^T \psi^*(x) \psi(x) dx} = \frac{\int_0^T \psi^*(x) \hat{Q} \psi(x) dx}{\int_0^T \psi^*(x) \psi(x) dx} = \int_0^T \varphi^*(x) \hat{Q} \varphi(x) dx$$

$$(3.6\text{-}8)$$

其中 $\varphi(x) = \psi(x)/\sqrt{\int_0^T \psi^*(x)\psi(x)dx}$ 为在一个周期上归一化的状态函数.

3.7 一维运动粒子的状态是

$$\psi(x) = \begin{cases} Ax e^{-\lambda x}, & x \geq 0 \\ 0, & x < 0 \end{cases}$$

其中 $\lambda > 0$,求
(1)粒子动量的概率分布函数;
(2)粒子的动量期望值.

【题意分析】

已知条件:粒子的状态 $\psi(x)$.
待求问题:动量的概率分布函数 $w(p) = |c_p|^2$ 和动量期望值 $\bar{p}$.
相互联系: $c_p = \int \psi_p^*(x)\psi(x)dx$, $\psi_p(x) = e^{-ipx/\hbar}/\sqrt{2\pi\hbar}$

【求解过程】

解一：
由归一化条件
$$1 = \int_{-\infty}^{\infty} |\psi(x)|^2 dx = \int_0^{\infty} A^2 x^2 e^{-2\lambda x} dx = \frac{1}{4\lambda^3} A^2 \qquad (3.7\text{-}1)$$

得到归一化因子为 $A = 2\lambda^{3/2}$。

动量分布的概率幅
$$c_p = \int_{-\infty}^{\infty} \frac{1}{\sqrt{2\pi\hbar}} e^{-ipx/\hbar} \psi(x) dx = \frac{2\lambda^{3/2}}{\sqrt{2\pi\hbar}} \cdot \int_0^{\infty} x e^{-(\lambda + ip/\hbar)x} dx$$
$$= \frac{2\lambda^{3/2}}{\sqrt{2\pi\hbar}} \cdot \frac{1}{(\lambda + ip/\hbar)^2} \qquad (3.7\text{-}2)$$

因此，动量概率分布函数为
$$w(p) = |c_p|^2 = \frac{2\lambda^3 \hbar^3}{\pi} \frac{1}{(\hbar^2 \lambda^2 + p^2)^2} \qquad (3.7\text{-}3)$$

动量期望值为
$$\bar{p} = \int p w(p) dp = \int p \frac{2\lambda^3 \hbar^3}{\pi} \frac{1}{(\hbar^2 \lambda^2 + p^2)^2} dp = 0 \qquad (3.7\text{-}4)$$

解二：
按照(3.1-9)式，动量的概率幅为 $c(p) = \Psi(k)/\sqrt{\hbar}$，其中 $k = p/\hbar$，$\Psi(k)$ 为波函数的傅里叶变换 $\widetilde{\psi(x)}$，利用 Mathematica 命令

FourierTransform[2 Sqrt[λ^3] x Exp[-λ x] UnitStep[x], x, k,

FourierParameters - >{0, -1}, Assumptions→λ >0]

立刻得到
$$\widetilde{\psi(x)} = -\sqrt{\frac{2\lambda^3}{\pi}} \frac{1}{(k - i\lambda)^2} \qquad (3.7\text{-}5)$$

由此推出
$$c_p = \frac{1}{\sqrt{\hbar}} \widetilde{\psi(x)} = -\sqrt{\frac{2\lambda^3}{\pi\hbar}} \frac{1}{(k - i\lambda)^2} \qquad (3.7\text{-}6)$$

动量的期望值也可以直接由波函数算出

§3.2 习题分析与求解

$$\bar{p} = \int_{-\infty}^{\infty} \psi^*(x)\hat{p}\psi(x)dx = -i\hbar \int_{0}^{\infty} 4\lambda^3 x e^{-\lambda x} \frac{d}{dx}(xe^{-\lambda x})dx$$

$$= -i\hbar 4\lambda^3 \int_{0}^{\infty} x(1-\lambda x)e^{-2\lambda x}dx = -i\hbar\lambda \int_{0}^{\infty} \xi\left(1-\frac{1}{2}\xi\right)e^{-\xi}d\xi = 0$$

(3.7-7)

【物理讨论】

本题与上题给出了计算动量及其函数的期望值的两种等效方法：一是利用动量概率幅来计算，二是利用波函数来进行计算. 由于波函数也是坐标概率幅，因此这两种方法的实质都是根据概率幅来计算期望值. 这说明微观粒子状态可以有不同的表示方法，得到的计算结果相同. 一般情况详见第四章的"表象理论".

3.8 在一维无限深方势阱中运动的粒子，势阱的宽度为 a，如果粒子的状态由波函数

$$\psi(x) = Ax(a-x)$$

描写，A 为归一化因子，求粒子能量的概率分布和能量的期望值.

【题意分析】

已知条件：粒子的状态为 $\psi(x)$，势阱为 $U(x) = \begin{cases} 0, & 0 < x < a, \\ \infty, & x \leq 0, x \geq a, \end{cases}$ 在该势阱中能量本征值为 $E_n = n^2 E_1$，$n \in \mathbf{Z}^+$，$E_1 = \dfrac{\pi^2 \hbar^2}{2ma^2}$，对应的本征函数为 $\psi_n(x) = \sqrt{\dfrac{2}{a}} \begin{cases} \sin \dfrac{n\pi x}{a}, & 0 < x < a, \\ 0, & x \leq 0, x \geq a. \end{cases}$

待求问题：粒子能量的概率分布 w_n 和能量的期望值 $\bar{E}$.

相互联系：$w_n = |c_n|^2$，$c_n = \int \psi_n^*(x)\psi(x)dx$，$\bar{E} = \sum_n w_n E_n$.

【求解过程】

解一：

由归一化条件

$$1 = \int_{-\infty}^{\infty} |\psi(x)|^2 dx = \int_{0}^{a} A^2 x^2 (a-x)^2 dx = A^2 \frac{a^5}{30}$$

得到 $A = \sqrt{30/a^5}$. 于是能量的概率幅为

$$c_n = \int_{-\infty}^{\infty} \psi_n^*(x)\psi(x)\mathrm{d}x = \sqrt{\frac{2}{a}}\int_0^a \sin\frac{n\pi x}{a} Ax(a-x)\mathrm{d}x = \frac{4\sqrt{15}}{n^3\pi^3}[1-(-1)^n] \tag{3.8-1}$$

能量的概率分布为

$$w_n = |c_n|^2 = \frac{240}{n^6\pi^6}[1-(-1)^n]^2 = \begin{cases} \dfrac{960}{n^6\pi^6}, & n=1,3,5,\cdots \\ 0, & n=2,4,6,\cdots \end{cases} \tag{3.8-2}$$

能量期望值为

$$\overline{E} = \sum_n w_n E_n = \sum_{n\text{为奇数}} \frac{960}{\pi^6 n^6} \cdot \frac{n^2\pi^2\hbar^2}{2ma^2} = \frac{480\hbar^2}{ma^2\pi^4}\sum_{n\text{为奇数}}\frac{1}{n^4} = \frac{5\hbar^2}{ma^2} \tag{3.8-3}$$

此处利用了附录 A 中的级数求和公式(A3-4).

解二:

能量期望值也可以直接计算

$$\overline{E} = \int_{-\infty}^{\infty} \psi^*(x)\hat{H}\psi(x)\mathrm{d}x = \int_0^a \psi^*(x)\frac{\hat{p}^2}{2m}\psi(x)\mathrm{d}x$$

$$= A^2\int_0^a x(x-a)\cdot\left[-\frac{\hbar^2}{2m}\frac{\mathrm{d}^2}{\mathrm{d}x^2}x(x-a)\right]\mathrm{d}x = \frac{5\hbar^2}{ma^2} \tag{3.8-4}$$

而能量的概率幅可以用 Mathematica 命令

```
Integrate[Sin[n Pi x/a] x (a-x),{x,0,a},
Assumptions→a>0&&Element[n,Integers]]
```

计算出

$$\int_0^a \sin\frac{n\pi x}{a} x(a-x)\mathrm{d}x = \frac{2[1-(-1)^n]a^3}{n^3\pi^3}$$

由此得到

$$c_n = A\sqrt{\frac{2}{a}}\int_0^a \sin\frac{n\pi x}{a} x(a-x)\mathrm{d}x$$

$$= A\sqrt{\frac{2}{a}}\frac{2[1-(-1)^n]a^3}{n^3\pi^3} = \frac{4\sqrt{15}}{n^3\pi^3}[1-(-1)^n] \tag{3.8-5}$$

【物理讨论】

由本题的结果可知,粒子处于基态的概率为 $w_1 = |C_1|^2 = 960/\pi^6 \approx 0.9986$,这是因为所给波函数与基态波函数非常接近. 能量期望值 $\overline{E} = 5\hbar^2/(ma^2) = 10E_1/\pi^2 \approx 1.013E_1$,与基态能量也很接近. 但是,能量的平方期望值为

$$\overline{E^2} = \sum_n w_n E_n^2 = \frac{240\hbar^4}{m^2 a^4 \pi^2} \sum_{n\text{为奇数}} \frac{1}{n^2} = \frac{30\hbar^4}{m^2 a^4} = \frac{120}{\pi^4} E_1^2 \quad (3.8\text{-}6)$$

能量的量子涨落为 $\Delta E = \sqrt{\overline{E^2} - \overline{E}^2} = \sqrt{20}E_1/\pi^2 \approx 0.453 E_1$,相对涨落 $\Delta E/\overline{E}$ 达到 0.447,原因是高激发态对能量的平方期望值有很大的贡献.

用能量的概率分布或者波函数来计算能量期望值,在数学上是完全等价的,物理结果是一致的. 但是,计算的复杂程度不一定相同,我们应该根据具体问题的特点来选择计算方法.

3.9 设氢原子处于状态

$$\psi(r,\theta,\varphi) = \frac{1}{2} R_{2,1}(r) Y_{1,0}(\theta,\varphi) - \frac{\sqrt{3}}{2} R_{2,1}(r) Y_{1,-1}(\theta,\varphi)$$

求氢原子能量、角动量平方及角动量 z 分量的可能值,这些可能值出现的概率和这些力学量的期望值.

【题意分析】

已知条件:氢原子处于状态 $\psi = \frac{1}{2}\psi_{2,1,0} - \frac{\sqrt{3}}{2}\psi_{2,1,-1}$,在本征态 ψ_{nlm} 中,能量本征值为 $E_n = E_1/n^2$,角动量平方的本征值为 $l(l+1)\hbar^2$,角动量 z 分量的本征值为 $m\hbar$.

待求问题:能量 E、角动量平方 L^2 和角动量分量 L_z 的可能值、概率分布和期望值.

相互联系:力学量的期望值公式 $\overline{Q} = \sum_n w_n q_n$.

【求解过程】

解一:

对状态 ψ 进行分析,得到分布情况

状态	ψ_{nlm}	$\psi_{2,1,0}$	$\psi_{2,1,-1}$
概率幅	c_{nlm}	$\dfrac{1}{2}$	$-\dfrac{\sqrt{3}}{2}$
概率	$w_{nlm}=\lvert c_{nlm}\rvert^{2}$	$\dfrac{1}{4}$	$\dfrac{3}{4}$
能量可能值	$E_{n}=\dfrac{1}{n^{2}}E_{1}$	$\dfrac{1}{4}E_{1}$	$\dfrac{1}{4}E_{1}$
角动量可能值	$l(l+1)\hbar^{2}$	$2\hbar^{2}$	$2\hbar^{2}$
角动量 z 分量可能值	$m\hbar$	0	$-\hbar$

由上表可得能量的期望值为

$$\overline{E}=\sum w_{nlm}\frac{1}{n^{2}}E_{1}=\frac{1}{4}\cdot\frac{1}{4}E_{1}+\frac{3}{4}\cdot\frac{1}{4}E_{1}=\frac{1}{4}E_{1}=-\frac{me_{s}^{4}}{8\hbar^{2}} \qquad (3.9\text{-}1)$$

角动量平方的期望值为

$$\overline{L^{2}}=\sum w_{nlm}l(l+1)\hbar^{2}=\frac{1}{4}\cdot 2\hbar^{2}+\frac{3}{4}\cdot 2\hbar^{2}=2\hbar^{2} \qquad (3.9\text{-}2)$$

角动量 z 分量的期望值为

$$\overline{L_{z}}=\sum w_{nlm}m\hbar=\frac{1}{4}\cdot 0+\frac{3}{4}\cdot(-\hbar)=-\frac{3}{4}\hbar \qquad (3.9\text{-}3)$$

解二：

本题也可以利用公式 $\overline{Q}=\int\psi^{*}(\boldsymbol{r})\hat{Q}\psi(\boldsymbol{r})\mathrm{d}\tau$ 来进行计算，得到能量期望值

$$\begin{aligned}\overline{E}&=\int\left(\frac{1}{2}\psi_{2,1,0}-\frac{\sqrt{3}}{2}\psi_{2,1,-1}\right)^{*}\hat{H}\left(\frac{1}{2}\psi_{2,1,0}-\frac{\sqrt{3}}{2}\psi_{2,1,-1}\right)\mathrm{d}\tau\\ &=\int\left(\frac{1}{2}\psi_{2,1,0}-\frac{\sqrt{3}}{2}\psi_{2,1,-1}\right)^{*}E_{2}\left(\frac{1}{2}\psi_{2,1,0}-\frac{\sqrt{3}}{2}\psi_{2,1,-1}\right)\mathrm{d}\tau=E_{2}=-\frac{me_{s}^{4}}{8\hbar^{2}}\end{aligned}$$

$$(3.9\text{-}4)$$

角动量平方的期望值

$$\begin{aligned}\overline{L^{2}}&=\int\left(\frac{1}{2}\psi_{2,1,0}-\frac{\sqrt{3}}{2}\psi_{2,1,-1}\right)^{*}\hat{L}^{2}\left(\frac{1}{2}\psi_{2,1,0}-\frac{\sqrt{3}}{2}\psi_{2,1,-1}\right)\mathrm{d}\tau\\ &=\int\left(\frac{1}{2}\psi_{2,1,0}-\frac{\sqrt{3}}{2}\psi_{2,1,-1}\right)^{*}2\hbar^{2}\left(\frac{1}{2}\psi_{2,1,0}-\frac{\sqrt{3}}{2}\psi_{2,1,-1}\right)\mathrm{d}\tau=2\hbar^{2}\end{aligned}$$

$$(3.9\text{-}5)$$

角动量 z 分量的期望值

$$\overline{L_z} = \int \left(\frac{1}{2}\psi_{2,1,0} - \frac{\sqrt{3}}{2}\psi_{2,1,-1} \right)^* \hat{L}_z \left(\frac{1}{2}\psi_{2,1,0} - \frac{\sqrt{3}}{2}\psi_{2,1,-1} \right) d\tau$$

$$= \int \left(\frac{1}{2}\psi_{2,1,0} - \frac{\sqrt{3}}{2}\psi_{2,1,-1} \right)^* \left(0 \cdot \frac{1}{2}\psi_{2,1,0} + \hbar \frac{\sqrt{3}}{2}\psi_{2,1,-1} \right) d\tau = -\frac{3}{4}\hbar$$

(3.9-6)

计算中利用了本征函数 ψ_{nlm} 的正交归一性和所满足的本征方程.

【物理讨论】

本题中的态函数虽然表现为两个本征函数的叠加形式,但是这两个函数都是能量和角动量平方对应于同一个本征值的状态,因此也是能量和角动量平方的本征函数. 故在此状态下,能量和角动量平方分别有唯一的确定值.

3.10 一粒子在硬壁球形空腔中运动,势能为

$$U(r) = \begin{cases} \infty, & r \geq a \\ 0, & r < a \end{cases}$$

求粒子的能级和定态波函数.

【题意分析】

已知条件: 粒子在中心势场 $U(r)$ 中运动.

待求问题: 能量本征值 E_{nl} 和本征函数 ψ_{nlm}.

相互联系: $\psi_{nlm} = R_{nl}(r) Y_{lm}(\theta, \varphi)$,其中径向波函数满足径向方程(3-20).

【求解过程】

解一:

将势能代入径向方程,考虑到在势能 $U(r) = \infty$ 的区域内波函数为零,得到

$$\begin{cases} \dfrac{d^2}{dr^2}R + \dfrac{2}{r}\dfrac{d}{dr}R + \left[k^2 - \dfrac{l(l+1)}{r^2} \right] R = 0, & r < a \\ R = 0, & r \geq a \end{cases}$$

(3.10-1)

令 $x = kr$,上式可以化为

$$\begin{cases} R'' + \dfrac{2}{x}R' + \left[1 - \dfrac{l(l+1)}{x^2} \right] R = 0, & x < ka \\ |R(0)| < \infty, R(ka) = 0 \end{cases}$$

(3.10-2)

问题中的微分方程为 l 阶球贝塞尔方程,其通解为

$$R = A\mathrm{j}_l(x) + B\mathrm{n}_l(x) = A\mathrm{j}_l(kr) + B\mathrm{n}_l(kr) \tag{3.10-3}$$

其中 $\mathrm{j}_l(x)$ 为 l 阶球贝塞尔函数,$\mathrm{n}_l(x)$ 为 l 阶球诺伊曼函数.

由于 $\mathrm{n}_l(0) = \infty$,有界性条件 $|R(0)| < \infty$ 要求 $B = 0$;由边界条件 $R(ka) = 0$,得到

$$\mathrm{j}_l(ka) = 0 \tag{3.10-4}$$

上式给出了确定 k,从而求出能级的条件. 设 $x_n^{(l)}$ 为 l 阶球贝塞尔函数的第 n 个正零点,则有

$$k_n^{(l)} = x_n^{(l)}/a, E_{nl} = \frac{\hbar^2 [k_n^{(l)}]^2}{2m} = \frac{\hbar^2 [x_n^{(l)}]^2}{2ma^2}, n = 1, 2, \cdots \tag{3.10-5}$$

对应的本征函数为

$$R = A\mathrm{j}_l(k_n^{(l)} r) = A\mathrm{j}_l(x_n^{(l)} r/a), r < a \tag{3.10-6}$$

其中 A 为归一化因子,满足径向归一化条件

$$1 = \int_0^a |R_{nl}|^2 r^2 \mathrm{d}r = A^2 \int_0^a |\mathrm{j}_l(x_n^{(l)} r/a)|^2 r^2 \mathrm{d}r \tag{3.10-7}$$

完整的本征函数为

$$\psi_{nlm} = R_{nl}(r) Y_{lm}(\theta, \varphi) = A\mathrm{j}_l(x_n^{(l)} r/a) Y_{lm}(\theta, \varphi) \tag{3.10-8}$$

解二:

考虑球对称情况,这时 $l = 0$,方程(3.10-2)成为

$$\begin{cases} R'' + \dfrac{2}{x} R' + R = 0, x < ka \\ |R(0)| < \infty, R(ka) = 0 \end{cases} \tag{3.10-9}$$

令 $u = xR$,上式可以化为

$$\begin{cases} u'' + u = 0, x < ka \\ u(0) = u(ka) = 0 \end{cases} \tag{3.10-10}$$

其通解为

$$u = A\sin x + B\cos x = A\sin kr + B\cos kr \tag{3.10-11}$$

由边界条件 $u(0) = 0$,得到 $B = 0$;$u(ka) = 0$,得到

$$\sin ka = 0 \Rightarrow k_n = n\pi/a, n \in \mathbf{N} \tag{3.10-12}$$

由此得到

$$E_{n,0} = \frac{\hbar^2 \pi^2 n^2}{2ma^2}, n = 1,2,\cdots \quad (3.10\text{-}13)$$

对应的本征函数为

$$R_{n,0} = A\frac{u(x)}{x} = A\frac{\sin k_n r}{k_n r} \quad (3.10\text{-}14)$$

其中 A 为归一化因子,满足径向归一化条件

$$1 = \int_0^a |R_{n,0}|^2 r^2 dr = A^2 \int_0^a \frac{\sin^2 k_n r}{(k_n r)^2} r^2 dr = A^2 \frac{a}{2k_n^2} \quad (3.10\text{-}15)$$

得到 $A = k_n\sqrt{2/a}$. 完整的本征函数为

$$\psi_{n,0,0} = R_{n,0}(r)Y_{00}(\theta,\varphi) = A\frac{\sin k_n r}{k_n r} \cdot \frac{1}{\sqrt{4\pi}} = \frac{1}{\sqrt{2\pi a}}\frac{\sin k_n r}{r}$$

$$(3.10\text{-}16)$$

【物理讨论】

在球对称的情况下,粒子的角动量为零,能级与宽度为 a 的一维无限深阱势相同. 在非球对称情况下,由于粒子有角动量,动能增加了,能级发生上移. 以 $l = 1$ 为例,这时

$$j_1(x) = \frac{\sin x - x\cos x}{x^2}$$

其正零点满足方程 $\sin x - x\cos x = 0$,即 $x = \tan x$. 它的前 6 个正根可以用下列 Mathematica 命令求得,

Table[FindRoot[Tan[x]-x,{x,3 n}],{n,6}]

将结果与球对称情况进行比较,如下表所示.

	$n=1$	$n=2$	$n=3$	$n=4$	$n=5$	$n=6$
$x_n^{(0)}$	3.141 59	6.283 19	9.424 78	12.566 4	15.708 0	18.849 6
$x_n^{(1)}$	4.493 41	7.725 25	10.904 1	14.066 2	17.220 8	20.371 3
$x_n^{(1)} - x_n^{(0)}$	1.351 82	1.442 07	1.479 34	1.499 82	1.512 79	1.521 75

3.11 求第 3.6 题中粒子位置和动量的不确定关系 $\overline{(\Delta x)^2} \cdot \overline{(\Delta p)^2} = ?$

【题意分析】

已知条件：粒子的状态为 $\psi(x) = A\left(\sin^2 kx + \dfrac{1}{2}\cos kx\right)$.

待求问题：$\overline{(\Delta x)^2} \cdot \overline{(\Delta p)^2}$.

相互联系：$\overline{(\Delta Q)^2} = \overline{(\hat{Q} - \overline{Q})^2} = \overline{Q^2} - \overline{Q}^2$

【求解过程】

由第 3.6 题，$\overline{p} = 0$，$\overline{p^2} = \overline{2mT} = \dfrac{5}{4}\hbar^2 k^2$，由此得到

$$\overline{(\Delta p)^2} = \overline{p^2} - \overline{p}^2 = \frac{5}{4}\hbar^2 k^2 \tag{3.11-1}$$

而

$$\overline{x} = \int_{-\infty}^{\infty} \psi^* x \psi \, dx = A^2 \int_{-\infty}^{\infty} x\left[\sin^2 kx + \frac{1}{2}\cos kx\right]^2 dx = 0$$

$$\overline{x^2} = \int_{-\infty}^{\infty} \psi^* x^2 \psi \, dx = A^2 \int_{-\infty}^{\infty} x^2\left[\sin^2 kx + \frac{1}{2}\cos kx\right]^2 dx = \infty \tag{3.11-2}$$

因此

$$\overline{(\Delta x)^2} = \overline{x^2} - \overline{x}^2 = \infty \tag{3.11-3}$$

最后得到

$$\overline{(\Delta x)^2} \cdot \overline{(\Delta p)^2} = \infty \tag{3.11-4}$$

【物理讨论】

不确定关系只给出了 $\overline{(\Delta x)^2} \cdot \overline{(\Delta p)^2}$ 的下限，没有限制上限，因此理论上可以为无穷大。在坐标本征态 $\delta(x - x')$ 中，$\Delta x = 0$，$\Delta p = \infty$，但有限个坐标本征态叠加态中，却有 $\Delta x > 0$；在动量本征态（平面波）中 $\Delta p = 0$，$\Delta x = \infty$，有限个平面波的叠加态中 $\Delta p > 0$. 本题中出现的正是后一种情况.

3.12 粒子处于状态

$$\psi(x) = \frac{1}{\sqrt[4]{2\pi\xi^2}} e^{\frac{i}{\hbar}p_0 x - \frac{x^2}{4\xi^2}}$$

式中 ξ 为常量. 求粒子的动量期望值，并计算不确定关系 $\overline{(\Delta x)^2} \cdot \overline{(\Delta p)^2} = ?$

【题意分析】

已知条件：粒子状态 $\psi(x)$.
待求问题：$\bar{p}$ 和 $\overline{(\Delta x)^2} \cdot \overline{(\Delta p)^2}$.
相互联系：$\overline{Q} = \int \psi^*(x) \hat{Q} \psi(x) \mathrm{d}x$.

【求解过程】

由题设状态 $\psi(x)$ 容易计算出

$$\bar{x} = \int_{-\infty}^{\infty} \psi^* x \psi \mathrm{d}x = \frac{1}{\sqrt{2\pi\xi^2}} \int_{-\infty}^{\infty} x \mathrm{e}^{-\frac{x^2}{2\xi^2}} \mathrm{d}x = 0$$

$$\overline{x^2} = \int_{-\infty}^{\infty} \psi^* x^2 \psi \mathrm{d}x = \frac{1}{\sqrt{2\pi\xi^2}} \int_{-\infty}^{\infty} x^2 \mathrm{e}^{-\frac{x^2}{2\xi^2}} \mathrm{d}x = \xi^2$$

因此坐标的量子涨落为

$$\overline{(\Delta x)^2} = \overline{x^2} - \bar{x}^2 = \xi^2 \qquad (3.12\text{-}1)$$

而

$$\bar{p} = \int_{-\infty}^{\infty} \psi^* \frac{\hbar}{\mathrm{i}} \frac{\mathrm{d}}{\mathrm{d}x} \psi \mathrm{d}x = \frac{-\mathrm{i}\hbar}{\sqrt{2\pi\xi^2}} \int_{-\infty}^{\infty} \left(\frac{\mathrm{i}}{\hbar} p_0 - \frac{x}{2\xi^2} \right) \mathrm{e}^{-\frac{x^2}{2\xi^2}} \mathrm{d}x = p_0$$

$$\overline{p^2} = \int_{-\infty}^{\infty} \psi^* \left(\frac{\hbar}{\mathrm{i}} \frac{\mathrm{d}}{\mathrm{d}x} \right)^2 \psi \mathrm{d}x = \frac{-\hbar^2}{\sqrt{2\pi\xi^2}} \int_{-\infty}^{\infty} \left[\left(\frac{\mathrm{i}}{\hbar} p_0 - \frac{x}{2\xi^2} \right)^2 - \frac{1}{2\xi^2} \right] \mathrm{e}^{-\frac{x^2}{2\xi^2}} \mathrm{d}x$$

$$= \frac{\hbar^2}{\sqrt{2\pi\xi^2}} \int_{-\infty}^{\infty} \left(\frac{p_0^2}{\hbar^2} + \frac{1}{2\xi^2} - \frac{x^2}{4\xi^4} \right) \mathrm{e}^{-\frac{x^2}{2\xi^2}} \mathrm{d}x = p_0^2 + \frac{\hbar^2}{2\xi^2} - \frac{\hbar^2 \overline{x^2}}{4\xi^4}$$

$$= p_0^2 + \frac{\hbar^2}{4\xi^2}$$

因此动量的量子涨落为

$$\overline{(\Delta p)^2} = \overline{p^2} - \bar{p}^2 = \frac{\hbar^2}{4\xi^2} \qquad (3.12\text{-}2)$$

由 (3.12-1) 和 (3.12-2) 两式，最后得到

$$\overline{(\Delta x)^2} \cdot \overline{(\Delta p)^2} = \xi^2 \frac{\hbar^2}{4\xi^2} = \frac{\hbar^2}{4} \qquad (3.12\text{-}3)$$

【物理讨论】

不确定关系给出 $\overline{(\Delta x)^2} \cdot \overline{(\Delta p)^2}$ 的下限为 $\frac{1}{4}\hbar^2$，在本题的状态 $\psi(x)$ 下恰好达

到了这个理论下限,这样的状态称为最小不确定状态. 不确定关系是微观粒子波粒二象性的表现,经典粒子的位置和动量可以同时完全确定,即 $\overline{(\Delta x)^2}\cdot\overline{(\Delta p)^2}=0$,从这个角度说,最小不确定状态可以认为是最接近经典运动的状态.

3.13 利用不确定关系估计氢原子的基态能量.

【题意分析】

已知条件:氢原子能量为 $E=\dfrac{1}{2m}p^2-\dfrac{e_s^2}{r}$.

待求问题:基态能量 E_1 的估计值.

相互联系:由不确定关系,$p\sim\hbar/r$;基态是能量最低的状态,$E_1=\min\{E\}$.

【求解过程】

设氢原子中电子离核距离的数量级为 r,利用不确定关系,电子动量的数量级为 $p\sim\hbar/r$,由此可以估计出系统的能量为 $E(r)\sim\dfrac{\hbar^2}{2mr^2}-\dfrac{e_s^2}{r}$. 不难推出当 $r=\dfrac{\hbar^2}{me_s^2}$ 时,能量取极小值 $E_{\min}\sim-\dfrac{me_s^4}{2\hbar^2}\approx-13.6\text{ eV}$,对应于基态能量.

【物理讨论】

在量子力学中经常根据物理量之间的对易关系,用不确定关系来进行估算,这是一种重要的物理能力. 但要注意估算的结果只在物理量的数量级上正确,其具体数值并没有多大意义. 本题中的估算结果恰好等于氢原子的基态能量,这只能说是一种巧合.

§3.3 扩展练习

E3.1 若 ψ_n,E_n 为哈密顿算符 $\hat{H}$ 的归一化本征函数和相应的本征值,而 λ 是出现在 $\hat{H}$ 中的任意参数,证明 $\dfrac{\partial E_n}{\partial \lambda}=\int\psi_n^*\dfrac{\partial \hat{H}}{\partial \lambda}\psi_n\mathrm{d}\tau$

【提示】 因为 $\int\psi_n^*\hat{H}\psi_n\mathrm{d}\tau=E_n,\int\psi_n^*\psi_n\mathrm{d}\tau=1$,所以

$$\frac{\partial E_n}{\partial \lambda}=\int\psi_n^*\frac{\partial \hat{H}}{\partial \lambda}\psi_n\mathrm{d}\tau+\int\frac{\partial \psi_n^*}{\partial \lambda}\hat{H}\psi_n\mathrm{d}\tau+\int\psi_n^*\hat{H}\frac{\partial \psi_n}{\partial \lambda}\mathrm{d}\tau$$

$$= \int \psi_n^* \frac{\partial \hat{H}}{\partial \lambda} \psi_n \mathrm{d}\tau + \int \frac{\partial \psi_n^*}{\partial \lambda} E_n \psi_n \mathrm{d}\tau + \int (\hat{H}\psi_n)^* \frac{\partial \psi_n}{\partial \lambda} \mathrm{d}\tau$$

$$= \int \psi_n^* \frac{\partial \hat{H}}{\partial \lambda} \psi_n \mathrm{d}\tau + E_n \frac{\partial}{\partial \lambda} \int \psi_n^* \psi_n \mathrm{d}\tau = \int \psi_n^* \frac{\partial \hat{H}}{\partial \lambda} \psi_n \mathrm{d}\tau$$

这个结果被称为赫尔曼 – 费恩曼定理.

E3.2 设粒子在势场 $U(\boldsymbol{r})$ 中运动，哈密顿算符为 $\hat{H} = \hat{T} + \hat{U} = \frac{1}{2m}\hat{\boldsymbol{p}}^2 + U(\boldsymbol{r})$，证明对于束缚定态，有 $2\langle \hat{T} \rangle = \langle \boldsymbol{r} \cdot \boldsymbol{\nabla} U \rangle$.

【提示】 由力学量期望值的演化公式，得到

$$\mathrm{i}\hbar \frac{\mathrm{d}}{\mathrm{d}t} \langle \boldsymbol{r} \cdot \hat{\boldsymbol{p}} \rangle = \langle [\boldsymbol{r} \cdot \hat{\boldsymbol{p}}, \hat{H}] \rangle = \mathrm{i}\hbar \left(\frac{1}{m} \langle \hat{\boldsymbol{p}}^2 \rangle - \langle \boldsymbol{r} \cdot \boldsymbol{\nabla} U \rangle \right)$$

对于束缚定态，$\frac{\mathrm{d}}{\mathrm{d}t} \langle \boldsymbol{r} \cdot \hat{\boldsymbol{p}} \rangle = 0$，所以 $\frac{1}{m} \langle \hat{\boldsymbol{p}}^2 \rangle = \langle \boldsymbol{r} \cdot \boldsymbol{\nabla} U \rangle$. 这个结果称为位力定理.

E3.3 导出与经典径向动量 p_r 对应的量子力学算符 $\hat{p}_r$.

【提示】 在经典力学中，r, p_r 为一对正则变量，因此在量子力学中对应的算符满足对易关系 $[r, \hat{p}_r] = \mathrm{i}\hbar$. 由此可以解出径向动量算符的可能形式为

$$\hat{p}_r = \frac{\hbar}{\mathrm{i}} \frac{1}{f(r)} \frac{\partial}{\partial r} f(r) = \frac{\hbar}{\mathrm{i}} \left[\frac{\partial}{\partial r} + \frac{f'(r)}{f(r)} \right]. \quad (\text{E3.3-1})$$

考虑到经典力学中动量平方为 $p^2 = p_r^2 + L^2/r^2$；而在量子力学中，动量平方算符为 $\hat{p}^2 = -\hbar^2 \frac{1}{r} \frac{\partial^2}{\partial r^2} r + \frac{\hat{L}^2}{r^2}$，由此知道径向动量算符的平方为

$$\hat{p}_r^2 = \hat{p}^2 - \frac{\hat{L}^2}{r^2} = -\hbar^2 \frac{1}{r} \frac{\partial^2}{\partial r^2} r = \left(\frac{\hbar}{\mathrm{i}} \frac{1}{r} \frac{\partial}{\partial r} r \right) \left(\frac{\hbar}{\mathrm{i}} \frac{1}{r} \frac{\partial}{\partial r} r \right) \quad (\text{E3.3-2})$$

比较 (E3.3-1) 和 (E3.3-2) 两式，可知待定函数 $f(r) = r$.

E3.4 给定初始波函数 $\psi(\boldsymbol{r}, 0)$ 后，由薛定谔方程可以完全确定 t 时刻的波函数 $\psi(\boldsymbol{r}, t)$. 从这个意义上也可以说，薛定谔方程确定了从初始波函数 $\psi(\boldsymbol{r}, 0)$ 到 t 时刻波函数 $\psi(\boldsymbol{r}, t)$ 的一个变换. 我们把这个变换对应的算符记为 $\hat{S}(t)$，称为演化算符，即 $\psi(\boldsymbol{r}, t) = \hat{S}(t)\psi(\boldsymbol{r}, 0)$. 当系统的哈密顿算符不显含时间时，求出演化算符的形式.

【提示】 由薛定谔方程得到

$$\mathrm{i}\hbar \frac{\partial}{\partial t} \hat{S}(t) \psi(\boldsymbol{r}, 0) = \hat{H} \hat{S}(t) \psi(\boldsymbol{r}, 0) \quad (\text{E3.4-1})$$

由于对任意的初始状态 $\psi(\boldsymbol{r},0)$，上式都成立，因此有算符方程

$$i\hbar \frac{\partial}{\partial t}\hat{S}(t) = \hat{H}\hat{S}(t) \quad (\text{E3.4-2})$$

由题设 $\hat{H}$ 不随时间变化，考虑到 $\hat{S}(0)=1$，上式可解出演化算符

$$\hat{S}(t) = e^{-i\hat{H}t/\hbar} \quad (\text{E3.4-3})$$

E3.5 求一维动量 p 与势能 $U(x)$ 的不确定关系.

【提示】 $[p,U(x)] = -i\hbar U'(x) = i\hbar F(x)$，其中 $F(x)$ 为粒子在 x 处所受的力.

E3.6 利用不确定关系估计氦原子的基态能量.

【提示】 设氦原子中两个电子位置的数量级分别为 r_1 和 r_2，利用不确定关系，电子动量的数量级为 $p_1 \sim \hbar/r_1$，$p_2 \sim \hbar/r_2$，由此可以估计出氦原子的动能为

$$T = \frac{1}{2m}p_1^2 + \frac{1}{2m}p_2^2 \sim \frac{\hbar^2}{2mr_1^2} + \frac{\hbar^2}{2mr_2^2}. \quad (\text{E3.6-1})$$

而电子与原子核的相互作用势能为 $-\dfrac{2e_s^2}{r_1} - \dfrac{2e_s^2}{r_2}$，电子之间的相互作用势能约为 $\dfrac{e_s^2}{r_1+r_2}$，因此系统的总能量为

$$E(r_1,r_2) \sim \frac{\hbar^2}{2mr_1^2} + \frac{\hbar^2}{2mr_2^2} - \frac{2e_s^2}{r_1} - \frac{2e_s^2}{r_2} + \frac{e_s^2}{r_1+r_2} \quad (\text{E3.6-2})$$

不难推出当 $r_1 = r_2 = \dfrac{4\hbar^2}{7me_s^2}$ 时，总能量取极小值 $E_{\min} \sim -\dfrac{7^2 me_s^4}{4^2\hbar^2} \approx -82.7 \text{ eV}$，对应于基态能量.（氦原子基态能量的实验结果为 -79.0 eV.）

E3.7 设 $t=0$ 时，质量为 m，频率为 ω 的谐振子处于状态

$$\psi(x,0) = \cos\beta\,\psi_n(x) + \sin\beta\,\psi_m(x)$$

求坐标期望值随着时间的变化规律.

【提示】 状态随时间的演化规律为

$$\psi(x,t) = \cos\beta\,\psi_n(x)e^{-i(n+\frac{1}{2})\omega t} + \sin\beta\,\psi_m(x)e^{-i(m+\frac{1}{2})\omega t} \quad (\text{E3.7-1})$$

由本征函数的正交归一性和递推公式，可以计算出

$$\bar{x} = \int \psi^*(x,t)\,x\psi(x,t)\,dx = \frac{1}{\alpha}\left(\sqrt{\frac{m}{2}}\delta_{n,m-1} + \sqrt{\frac{m+1}{2}}\delta_{n,m+1}\right)\sin 2\beta\cos\omega t$$

$$(\text{E3.7-2})$$

对于 $n=1, m=2$ 的特例,上式成为 $\bar{x}_{1,2} = \dfrac{1}{\alpha}\sin 2\beta \cos \omega t$.

E3.8 设一质点的定态波函数 $\psi(r,\theta,\varphi) = A\mathrm{e}^{-r/a}$,其中 A 和 a 均为常数. 试求出该定态的能量 E 和势能 U.

【提示】 由定态波函数求势能和相应的定态能量 E,必须从定态薛定谔方程入手. 将 ψ 代入定态薛定谔方程后,得到 $U(r) = E + \dfrac{\hbar^2}{2ma^2}\left(1 - \dfrac{2a}{r}\right)$. 再取无穷远为势能零点,得到 $E = -\dfrac{\hbar^2}{2ma^2}$.

第四章 态和力学量的表象

§4.1 学习指导

第三章中介绍了量子力学中的力学量用厄米算符表示,力学量的测量值为算符的本征值,力学量取唯一确定值的状态为算符的本征函数.力学量本征函数的集合具有正交性和完备性.微观粒子的任何态函数可以用力学量算符的本征函数进行展开,展开系数为在该状态中取值的概率幅.

前面所用的波函数 $\psi(x,t)$ 本身可以看成微观状态用坐标算符的本征函数展开的概率幅,由此可以求出它用任意力学量(或者力学量完全集)的本征函数展开的概率幅.反之,如果知道了概率幅,也可以还原出波函数.从这个意义上说,粒子微观状态可以用任意力学量的概率幅来完全描述,波函数只是一个特例.我们把概率幅称为状态在相应力学量中的表象,量子力学中常用的表象有坐标表象、动量表象和能量表象.

相应地,量子力学中的算符也可以有不同的表示形式,力学量算符的表象为厄米矩阵.

不同表象之间可以通过线性变换来相互联系,由于本征函数具有正交归一性,因此表象变换矩阵为幺正矩阵.

我们也可以脱离具体的表象来进行量子力学研究,这时状态用抽象的态矢量来表示,力学量用作用在态矢量空间上的抽象厄米算符来表示.利用狄拉克方法,可以脱离具体表象来直接计算力学量的本征值和状态的演化规律,非常简洁.

本章的主要知识点有

1. 微观状态的表象

(1) 离散谱情况

设力学量 Q 的本征方程为 $\hat{Q}u_n(x) = q_n u_n(x), n \in \mathbf{Z}$,任意波函数 $\psi(x,t)$ 取值 q_n 的概率幅为 $c_n(t) = \int u_n^*(x)\psi(x,t)\mathrm{d}x$,概率幅的全体可以用一个列向量

$$\Psi = (\cdots, c_0(t), c_1(t), c_2(t), \cdots)^\mathrm{T}, \text{简写为 } \Psi = (\{c_n(t)\}) \qquad (4\text{-}1)$$

来表示,称为状态 $\psi(x,t)$ 在 Q 表象下的形式,简称状态 $\psi(x,t)$ 的 Q 表象.

在离散谱的 Q 表象中,状态的归一化条件为

$$\Psi^\dagger \Psi = (\{c_n(t)\})^\dagger(\{c_n(t)\}) = \sum_n c_n^*(t)c_n(t) = 1 \quad (4-2)$$

其中 $(\{c_n(t)\})^\dagger = (\{c_n(t)\})^{*T} = (\cdots,c_0(t),c_1(t),c_2(t),\cdots)^*$ 称为厄米转置.

(2) 连续谱情况

力学量 Q 的本征方程为 $\hat{Q}u_{q'}(x) = q'u_{q'}(x), q' \in \mathbf{R}$,本征函数满足扩展的正交归一性 $\int u_{q'}^*(x)u_{q''}(x)\mathrm{d}x = \delta(q'-q'')$ 和完备性 $\int u_q^*(x')u_q(x)\mathrm{d}q = \delta(x-x')$. 任意波函数 $\psi(x,t)$ 取值 q 的概率幅为 $c_q(t) = \int u_q^*(x)\psi(x,t)\mathrm{d}x$,概率幅的全体可以用一个连续列向量表示,记为

$$\Psi = (\cdots,c_q(t),\cdots)^T,\text{简写为 } \Psi = (\{c_q(t)\}) \quad (4-3)$$

称为状态 $\psi(x,t)$ 的 Q 表象. 在连续的 Q 表象中,状态的归一化条件为

$$\Psi^\dagger \Psi = (\{c_q(t)\})^\dagger(\{c_q(t)\}) = \int c_q^*(t)c_q(t)\mathrm{d}q = 1 \quad (4-4)$$

(3) 典型表象

典型的离散表象有束缚态能量表象和角动量表象.

束缚态能量的本征方程为 $\hat{H}u_n(x) = E_n u_n(x), n \in \mathbf{N}$,在束缚态能量表象中,状态 $\psi(x,t)$ 的形式为 $\Psi = (c_0(t),c_1(t),\cdots)^T$,其中概率幅 $c_n(t) = \int u_n^*(x)\psi(x,t)\mathrm{d}x$.

典型的连续表象有动量表象和坐标表象.

动量的本征方程为 $\hat{p}\psi_p(x) = p\psi_p(x), p \in \mathbf{R}, \psi_p(x) = \dfrac{1}{\sqrt{2\pi\hbar}}e^{ipx/\hbar}$,在动量表象中,状态 $\psi(x,t)$ 的形式为 $\Psi = (\{c_p(t)\})$,其中概率幅 $c_p(t) = \int \psi_p^*(x)\psi(x,t)\mathrm{d}x$ 为矩阵元.

2. 力学量算符的表象

(1) 离散谱情况

力学量算符 $\hat{F}$ 作用在波函数 ψ 上得到另一个波函数 $\phi = \hat{F}\psi$,设在 Q 表象下,ϕ 的形式为 $\Phi = (\{b_n\})$,ψ 的形式为 $\Psi = (\{c_n\})$,则 $\phi = \hat{F}\psi$ 的形式为

$$\Phi = F\Psi = (\{\sum_m F_{nm}c_m\}) \text{ 或 } b_n = \sum_m F_{nm}c_m \quad (4-5)$$

其中 $F = (\{F_{nm}\})$ 为方矩阵,$F_{nm} = \int u_n^*(x)\hat{F}u_m(x)\mathrm{d}x$ 为相应的矩阵元. 矩阵 F

为力学量算符 $\hat{F}$ 在 Q 表象下的形式.

容易证明 $F_{mn}^* = F_{nm}$,这说明 F 为厄米矩阵. 力学量在自身表象中为对角矩阵,对角元就是其本征值.

在 Q 表象下,力学量 $\hat{F}$ 在状态 $\Psi = (\{c_n\})$ 中的期望值为

$$\overline{F} = \Psi^\dagger F \Psi = (\{c_n\})^\dagger (\{F_{nm}\})(\{c_m\}) = \sum_{nm} c_n^* F_{nm} c_m \tag{4-6}$$

(2) 连续谱情况

在连续谱表象中,力学量 F 的矩阵元为 $F_{q'q''} = \int u_{q'}^*(x) \hat{F} u_{q''}(x) dx$,力学量 F 对态函数 $\Psi = (\{c_q\})$ 的作用也可以写成矩阵形式 $\Phi = F\Psi$,但是矩阵乘法中的元素求和应改为积分,即

$$\Phi = (\{b_{q'}\}), \quad b_{q'} = \int F_{q'q''} c_{q''} dq'' \tag{4-7}$$

力学量 $\hat{F}$ 在状态 $\Psi = (\{c_q\})$ 中的期望值为

$$\overline{F} = \Psi^\dagger F \Psi = (\{c_{q'}\})^\dagger (\{F_{q'q''}\})(\{c_{q''}\}) = \iint c_{q'}^* F_{q'q''} c_{q''} dq' dq'' \tag{4-8}$$

作为典型特例,在动量表象下力学量 $\hat{x}$ 的矩阵元为

$$x_{p'p''} = \int \psi_{p'}^*(x) x \psi_{p''}(x) dx = i\hbar \frac{d}{dp'} \delta(p' - p'') \tag{4-9}$$

它对 $\Psi = (\{c_q\})$ 的作用结果的矩阵元为

$$\int x_{p'p} c_p dp = \int i\hbar \frac{d\delta(p'-p)}{dp'} c_p dp = i\hbar \frac{d}{dp'} c_{p'} \tag{4-10}$$

为了简单起见,我们把连续矩阵元 c_p 直接作为状态 $\Psi = (\{c_q\})$ 在动量表象下的表示形式,称为动量表象下的波函数,记为 $c(p)$;把 $i\hbar \dfrac{d}{dp}$ 作为坐标算符 $\hat{x}$ 在动量表象下的微分形式. 容易验证,在动量表象下坐标算符与动量算符的对易关系保持不变,即 $\left[i\hbar \dfrac{d}{dp}, p\right] = i\hbar$. 在一般情况下,力学量 $F(\hat{r}, \hat{p})$ 在动量表象下的形式为 $F\left(i\hbar \dfrac{d}{d\boldsymbol{p}}, \hat{\boldsymbol{p}}\right)$.

(3) 混合谱情况

有时候,力学量 Q 的本征值既有离散谱,又有连续谱. 这时 Q 表象下的波函数为

$$\Psi = (\cdots, c_n, \cdots, c_q, \cdots)^\mathrm{T}, \text{简写为 } \Psi = (\{c_n\}, \{c_q\}) \tag{4-11}$$

归一化条件为

$$\Psi^\dagger \Psi = (\{c_n\},\{c_q\})^\dagger (\{c_n\},\{c_q\}) = \sum_n c_n^* c_n + \int c_q^* c_q \mathrm{d}q = 1. \quad (4\text{-}12)$$

力学量为

$$F = \begin{pmatrix} (F_{nm}) & (F_{nq''}) \\ (F_{q'm}) & (F_{q'q''}) \end{pmatrix} \quad (4\text{-}13)$$

具有分块矩阵形式. 力学量对状态的作用为

$$F\Psi = \begin{pmatrix} (F_{nm}) & (F_{nq''}) \\ (F_{q'm}) & (F_{q'q''}) \end{pmatrix} \begin{pmatrix} \{c_m\} \\ \{c_{q''}\} \end{pmatrix} = \begin{pmatrix} \sum_m F_{nm} c_m + \int F_{nq''} c_{q''} \mathrm{d}q'' \\ \sum_m F_{q'm} c_m + \int F_{q'q''} c_{q''} \mathrm{d}q'' \end{pmatrix} \quad (4\text{-}14)$$

3. 量子力学的抽象理论

采用具体表象后,量子力学状态、力学量和物理公式都表现为矩阵的形式,历史上称之为矩阵力学. 无论采用什么表象,力学量的本征值和力学量之间的对易关系都保持不变,它们是物理本质的反映. 我们也可以脱离具体表象,直接由对易关系出发来进行研究.

(1) 抽象状态

按照狄拉克的方法,量子力学状态 Ψ 可以用一个抽象的状态空间中的矢量描述,记为 $|\Psi\rangle$（称为右矢量）；而其厄米转置 $\Psi^\dagger$ 用对偶矢量描述,记为 $\langle\Psi|$（称为左矢量）. 归一化条件为

$$\Psi^\dagger \Psi = \langle \Psi | \Psi \rangle = 1 \quad (4\text{-}15)$$

(2) 力学量

脱离具体表象时,力学量 $\hat{Q}$ 用抽象的厄米算符描述,其对状态 $|\Psi\rangle$ 的作用记为 $|\Phi\rangle = \hat{Q}|\Psi\rangle$,在 $|\Psi\rangle$ 中的期望值为 $\overline{Q} = \langle \Psi | \hat{Q} | \Psi \rangle$,本征方程为 $\hat{Q}|\psi_n\rangle = q_n |\psi_n\rangle$.

力学量 Q 的本征矢量具有完备性,构成抽象状态空间中的一组正交归一基底 $\{|n\rangle\}$. 满足正交归一性关系和完备性关系

$$\langle m | n \rangle = \delta_{mn}, \quad \sum_n |n\rangle\langle n| = 1 \quad (4\text{-}16)$$

(3) 典型例子

作为特例,考虑粒子数算符 $\hat{N} = \hat{a}^\dagger \hat{a}$,其中 $\hat{a}$ 为湮没算符,$\hat{a}^\dagger$ 为湮没算符的厄米共轭算符,称为产生算符,两者满足对易关系 $[\hat{a},\hat{a}^\dagger] = 1$. 设粒子数算符的本

征方程为

$$\hat{N}|n\rangle = \lambda_n |n\rangle, \quad n \in \mathbf{N} \qquad (4\text{-}17)$$

利用产生算符与湮没算符之间的对易关系,容易证明

$$\hat{N}\hat{a}|n\rangle = \hat{a}(\hat{N}-1)|n\rangle = (\lambda_n - 1)\hat{a}|n\rangle$$

$$\hat{N}\hat{a}^\dagger|n\rangle = \hat{a}^\dagger(\hat{N}+1)|n\rangle = (\lambda_n + 1)\hat{a}^\dagger|n\rangle$$

这说明 $\lambda_n \pm 1$ 也是粒子数算符的本征值,对应的本征态分别为 $\hat{a}^\dagger|n\rangle$ 和 $\hat{a}|n\rangle$. 还可以进一步证明

$$\hat{a}|n\rangle = \sqrt{n}|n-1\rangle, \quad \hat{a}^\dagger|n\rangle = \sqrt{n+1}|n+1\rangle, \quad \lambda_n = n \qquad (4\text{-}18)$$

(4) 具体表象

抽象理论可以通过取一定的表象来具体化,以力学量 Q 的本征矢量为基底将态矢 $|\psi\rangle$ 进行展开,就得到 Q 表象下态矢 $|\psi\rangle$ 的具体形式,即

$$|\psi\rangle = \sum_n |n\rangle\langle n|\psi\rangle = \sum_n c_n |n\rangle, \qquad (4\text{-}19)$$

其中 $c_n = \langle n|\psi\rangle$ 为态矢 $|\psi\rangle$ 在 Q 表象下的概率幅. 归一化条件成为

$$\langle \psi|\psi\rangle = \sum_n |c_n|^2 = 1. \qquad (4\text{-}20)$$

Q 表象下的力学量算符 $\hat{F}$ 对应一个矩阵,矩阵元为

$$F_{mn} = \langle m|\hat{F}|n\rangle, \quad \text{满足} \quad \hat{F}_{mn}^\dagger = \hat{F}_{mn} \qquad (4\text{-}21)$$

作为特例,力学量在自身表象下的矩阵元为 $Q_{mn} = \langle m|\hat{Q}|n\rangle = q_n \delta_{mn}$,表明是对角矩阵.

4. 表象变换

从理论上说,量子力学中的所有表象都是等价的;但从应用的角度看,一个具体问题用不同的表象处理,难易程度不同. 为了更有效地解决问题,我们往往需要从一种表象转换为另一种表象,这就需要对状态和力学量进行表象变换.

(1) 基矢的变换

设 $\{|n\rangle\}$ 和 $\{|\alpha\rangle\}$ 为态空间的两组不同的基矢,构成两种不同表象,分别记为 A 和 B. 利用 B 表象下基矢 $\{|\alpha\rangle\}$ 的完备性,可以把 A 表象中的基矢 $|n\rangle$ 展开为

$$|n\rangle = \left(\sum_\alpha |\alpha\rangle\langle\alpha|\right)|n\rangle = \sum_\alpha |\alpha\rangle\langle\alpha|n\rangle = \sum_\alpha S_{\alpha n}|\alpha\rangle, \qquad (4\text{-}22)$$

将 $S_{\alpha n} = \langle\alpha|n\rangle$ 作为矩阵元,所组成的矩阵记为 S,称为从表象 A 到表象 B 的变换矩阵.

(2) 态矢量和力学量的变换

在表象 A 中，状态 $|\psi\rangle$ 的形式为 $\Psi_A = (\{\langle n|\psi\rangle\})$；在表象 B 中为 $\Psi_B = (\{\langle \alpha|\psi\rangle\})$. 由 A 表象下基矢的完备性关系 $\sum_n |n\rangle\langle n| = 1$，容易得到概率幅之间的关系

$$\langle \alpha|\psi\rangle = \langle \alpha|\left(\sum_n |n\rangle\langle n|\right)|\psi\rangle = \sum_n \langle \alpha|n\rangle\langle n|\psi\rangle = \sum_n S_{\alpha n}\langle n|\psi\rangle \tag{4-23}$$

对应的矩阵形式为 $\Psi_B = S\Psi_A$.

同理，在表象 A 中，力学量 F 的形式为 $F_A = (\{\langle n|F|m\rangle\})$；在表象 B 中，形式为 $F_B = (\{\langle \alpha|F|\beta\rangle\})$. 由基矢的完备性容易推出矩阵元关系

$$\langle \alpha|F|\beta\rangle = \langle \alpha|\left(\sum_n |n\rangle\langle n|\right)F\left(\sum_m |m\rangle\langle m|\right)|\beta\rangle = \sum_n \sum_m S_{\alpha n} F_{nm} S^*_{m\beta} \tag{4-24}$$

对应的矩阵形式为 $F_B = SF_A S^\dagger$.

（3）变换矩阵的一般性质

容易验证，变换矩阵满足关系

$$S^\dagger S = SS^\dagger = 1 \tag{4-25}$$

这表明 S 为幺正矩阵，对应的表象变换为幺正变换. 在幺正变换下，两态矢的内积、算符的本征值、算符矩阵的迹和算符矩阵的行列式都保持不变.

§4.2 习题分析与求解

4.1 求在动量表象中角动量 L_x 的矩阵元和 L_x^2 的矩阵元.

【题意分析】

已知条件：在坐标表象中动量的本征函数 $\psi_{p'}(r) = \left(\dfrac{1}{\sqrt{2\pi\hbar}}\right)^3 e^{\frac{i}{\hbar}p'\cdot r}$，对应的本征值为 p'，角动量 L_x 的形式为

$$L_x = \hat{y}\hat{p}_z - \hat{z}\hat{p}_y = y\frac{\hbar}{i}\frac{\partial}{\partial z} - z\frac{\hbar}{i}\frac{\partial}{\partial y} \tag{4.1-1}$$

待求问题：在动量表象中 L_x 的矩阵元 $(L_x)_{p'p''}$ 和 L_x^2 的矩阵元 $(L_x^2)_{p'p''}$.

相互联系：在动量表象中，算符 $F(\hat{x},\hat{p})$ 矩阵元为

$$F_{p'p''} = \int \psi^*_{p'}(r) F\left(r, \frac{\hbar}{i}\nabla\right) \psi_{p''}(r) d\tau \tag{4.1-2}$$

【求解过程】

解一：

应用矩阵元公式(4.1-2)，得

$$(L_x)_{p'p''} = \frac{1}{(2\pi\hbar)^3} \int e^{-\frac{i}{\hbar}p'\cdot r} \left(y\frac{\hbar}{i}\frac{\partial}{\partial z} - z\frac{\hbar}{i}\frac{\partial}{\partial y} \right) e^{\frac{i}{\hbar}p''\cdot r} d\tau$$

$$= \frac{1}{(2\pi\hbar)^3} \int e^{-\frac{i}{\hbar}p'\cdot r} (yp''_z - zp''_y) e^{\frac{i}{\hbar}p''\cdot r} d\tau$$

$$= \frac{1}{(2\pi\hbar)^3} \int e^{-\frac{i}{\hbar}p'\cdot r} \left(p''_z \frac{\hbar}{i}\frac{\partial}{\partial p''_y} - p''_y \frac{\hbar}{i}\frac{\partial}{\partial p''_z} \right) e^{\frac{i}{\hbar}p''\cdot r} d\tau$$

$$= \left(p''_z \frac{\hbar}{i}\frac{\partial}{\partial p''_y} - p''_y \frac{\hbar}{i}\frac{\partial}{\partial p''_z} \right) \frac{1}{(2\pi\hbar)^3} \int e^{-\frac{i}{\hbar}p'\cdot r} e^{\frac{i}{\hbar}p''\cdot r} d\tau$$

$$= \frac{\hbar}{i}\left(p''_z \frac{\partial}{\partial p''_y} - p''_y \frac{\partial}{\partial p''_z} \right)\delta(p'' - p') \tag{4.1-3}$$

计算的关键是将被积函数中的坐标 r 转化为对参数 p'' 的导数。

同理可得

$$(L_x^2)_{p'p''} = -\hbar^2 \left(p''_z \frac{\partial}{\partial p''_y} - p''_y \cdot \frac{\partial}{\partial p''_z} \right)^2 \delta(p'' - p') \tag{4.1-4}$$

解二：

在动量表象中，动量算符的本征函数为 $c_{p'}(p) = \delta(p - p')$，角动量算符的 x 分量 $L_x = i\hbar\left(p_z \frac{\partial}{\partial p_y} - p_y \frac{\partial}{\partial p_z} \right)$，于是有

$$(L_x)_{p'p''} = i\hbar \int \delta(p - p') \left(p_z \frac{\partial}{\partial p_y} - p_y \frac{\partial}{\partial p_z} \right) \delta(p - p'') dp$$

$$= i\hbar \int \delta(p - p') \left(p_z \frac{\partial\delta(p - p'')}{\partial p_y} - p_y \frac{\partial\delta(p - p'')}{\partial p_z} \right) dp$$

利用狄拉克函数的性质，立刻得到

$$(L_x)_{p'p''} = -i\hbar \left(p''_z \frac{\partial}{\partial p''_y} - p''_y \frac{\partial}{\partial p''_z} \right) \delta(p'' - p') \tag{4.1-5}$$

【物理讨论】

一般来说，算符 $F(r,p)$ 在自身表象中的矩阵元满足条件 $F_{nm} = F_n\delta_{nm}$，即为对角矩阵；在与 F 不对易的力学量 Q 的表象中矩阵非对角。在本题中，算符 $\hat{L}_x$ 与 $\hat{p}$ 并不对易，但是当 $p' \neq p''$ 时 $(L_x)_{p'p''} = 0$，好像是对角形式。从表面上看，这里出现了一个矛盾，其实，这是由于连续谱与离散谱之间的区别所形成的。

在一般情况下,矩阵是否对角的条件应该由算符对态函数的作用来确定,即

$$\frac{(F\psi)_n}{\psi_n} = F_n \qquad (4.1\text{-}6)$$

是一个与状态无关的常量. 容易验证,在离散谱表象中的对角矩阵满足上述条件. 在连续谱表象中,如果力学量的矩阵元为狄拉克函数的形式,即 $O_{q'q''} = O_{q'}\delta(q''-q')$,则

$$\frac{(O\psi)_{q'}}{\psi_{q'}} = \frac{\int O_{q'}\delta(q''-q')\psi_{q''}\mathrm{d}q''}{\psi_{q'}} = \frac{O_{q'}\psi_{q'}}{\psi_{q'}} = O_{q'} \qquad (4.1\text{-}7)$$

但是当力学量的矩阵元为狄拉克函数的导数,即 $O_{q'q''} = O_{q'}\delta'(q''-q')$,则

$$\frac{(O\psi)_{q'}}{\psi_{q'}} = \frac{\int O_{q'}\delta'(q''-q')\psi_{q''}\mathrm{d}q''}{\psi_{q'}} = \frac{-O_{q'}\psi'_{q'}}{\psi_{q'}} \neq \text{const} \qquad (4.1\text{-}8)$$

不符合对角矩阵条件(4.1-6). 一般地说,在连续谱表象中,矩阵元中只要出现了狄拉克函数的导数,就不是对角的.

4.2 求一维无限深方势阱中粒子的坐标和动量在能量表象中的矩阵元.

【题意分析】

已知条件:设势阱位于区间 $(0,a)$,能量的本征值为 $E_n = n^2 E_1$,$n = 1, 2, \cdots$,对应的本征函数为

$$u_n(x) = \sqrt{\frac{2}{a}} \begin{cases} \sin\left(\frac{n\pi}{a}x\right), & 0 \leq x \leq a \\ 0, & x < 0, x > a \end{cases} \qquad (4.2\text{-}1)$$

待求问题:在能量表象中粒子的坐标 x 的矩阵元 $(x)_{nk}$ 和动量 p 的矩阵元 $(p)_{nk}$.

相互联系:算符 $F(\hat{x}, \hat{p})$ 在能量表象中的矩阵元为

$$F_{nk} = \int u_n^*(x) F\left(x, \frac{\hbar}{i}\frac{\partial}{\partial x}\right) u_k(x) \mathrm{d}x \qquad (4.2\text{-}2)$$

【求解过程】

应用公式(4.2-2),得到

$$x_{nk} = \int u_n^*(x) x u_k(x) \mathrm{d}x = \frac{2}{a} \int_0^a \sin\frac{n\pi x}{a} x \sin\frac{k\pi x}{a} \mathrm{d}x$$

$$= \frac{2a}{\pi^2} \int_0^\pi \xi \sin n\xi \sin k\xi \, \mathrm{d}\xi = \frac{a}{\pi^2} \frac{4kn[(-1)^{n-k}-1]}{(k^2-n^2)^2}, \quad n \neq k$$

$$(4.2\text{-}3)$$

当 $n = k$ 时,有

$$x_{kk} = \frac{2}{a}\int_0^a \sin\frac{k\pi x}{a} x \sin\frac{k\pi x}{a} dx = \frac{2a}{\pi^2}\int_0^\pi \xi\sin^2 k\xi d\xi = \frac{a}{2} \quad (4.2\text{-}4)$$

同理有

$$p_{nk} = \int u_n^*(x) \frac{\hbar}{i}\frac{\partial}{\partial x}u_k(x)dx = \frac{2\hbar k\pi}{ia^2}\int_0^a \sin\frac{n\pi x}{a}\cos\frac{k\pi x}{a}dx$$

$$= \frac{2\hbar k}{ia}\int_0^\pi \sin n\xi \cos k\xi d\xi = \frac{2\hbar}{ia}\frac{[1-(-1)^{n-k}]n}{n^2-k^2}, \quad n \neq k$$

(4.2-5)

当 $n = k$ 时,有

$$p_{kk} = \frac{2\hbar k\pi}{ia^2}\int_0^a \sin\frac{k\pi x}{a}\cos\frac{k\pi x}{a}dx = 0 \quad (4.2\text{-}6)$$

【物理讨论】

本题也可以在对称的一维无限深方势阱中进行计算,只要势阱的宽度相同,动量算符的矩阵元就相同,但坐标算符的矩阵元发生了变化. 具体地说,将势阱平移到区间 $\left(-\frac{1}{2}a, \frac{1}{2}a\right)$,由对称性立刻可以知道,在奇偶性相同的两个能级之间动量 p 和坐标 ξ 的矩阵元为零,即当 $(-1)^{n-k} = 1$ 时,$p_{nk} = \xi_{nk} = 0$;考虑到 $\xi = x - \frac{1}{2}a$,故 $x_{nk} = \left(\xi + \frac{1}{2}a\right)_{nk} = \xi_{nk} + \frac{1}{2}a\delta_{nk}$,这正是我们在求解过程中得到的结果.

在能量表象中,不确定关系的形式为

$$(xp - px)_{nm} = \sum_k (x_{nk}p_{km} - p_{nk}x_{km}) = i\hbar\delta_{nm} \quad (4.2\text{-}7)$$

可以验证,在本题的情况下上述关系成立.

4.3 求在动量表象中线性谐振子的能量本征函数.

【题意分析】

已知条件:在坐标表象中线性谐振子的哈密顿算符为

$$\hat{H} = \frac{1}{2m}\hat{p}^2 + \frac{1}{2}m\omega^2\hat{x}^2 = \frac{-\hbar^2}{2m}\frac{d^2}{dx^2} + \frac{1}{2}m\omega^2 x^2 = \frac{1}{2}\hbar\omega\left(-\frac{d^2}{d\xi^2} + \xi^2\right)$$

(4.3-1)

本征函数为 $u_n(x) = \sqrt{\alpha} N_n e^{-\frac{1}{2}\xi^2} H_n(\xi)$,其中 $\xi = \alpha x$,$\alpha = \sqrt{m\omega/\hbar}$,$N_n = 1/\sqrt{2^n n! \sqrt{\pi}}$.

待求问题：在动量表象中的能量本征函数 $c_n(p)$.

相互联系：同一个状态在不同表象中的形式可以通过表象变换得到，即

$$c_n(p) = \int \psi_p^*(x) u_n(x) dx \tag{4.3-2}$$

其中 $\psi_p(x)$ 为坐标表象中的动量本征函数.

【求解过程】

解一：

由表象变换公式(4.3-2)，得

$$c_n(p) = \int \psi_p^*(x) u_n(x) dx = \frac{N_n}{\sqrt{2\pi\hbar\alpha}} \int e^{-\frac{i}{\hbar}p\xi} e^{-\frac{1}{2}\xi^2} H_n(\xi) d\xi$$

$$= \frac{N_n}{\sqrt{2\pi\hbar\alpha}} \int e^{-i\zeta\xi} e^{-\frac{1}{2}\xi^2} H_n(\xi) d\xi = \frac{N_n}{\sqrt{\hbar\alpha}} \mathscr{F}(-\zeta) \tag{4.3-3}$$

其中 $\zeta = \frac{1}{\hbar\alpha} p$，$\mathscr{F}(k) = \frac{1}{\sqrt{2\pi}} \int e^{ik\xi} e^{-\frac{1}{2}\xi^2} H_n(\xi) d\xi$ 为 $e^{-\frac{1}{2}\xi^2} H_n(\xi)$ 的傅里叶变换.

人工计算上面的傅里叶变换非常复杂，但是利用下面的 Mathematica 命令

FourierTransform[Exp[-ξ^2/2] HermiteH[n,ξ],ξ,ζ]

可以立刻得到所要求的结果. 例如，取 $n = 2$ 时，得到

$$\mathscr{F}(\zeta) = e^{-\frac{1}{2}\zeta^2}(2 - 4\zeta^2) = -e^{-\frac{1}{2}\zeta^2} H_2(\zeta)$$

代入(4.3-3)式后，得到

$$c_2(p) = \frac{N_2}{\sqrt{\hbar\alpha}} \mathscr{F}(-\zeta) = -\frac{N_2}{\sqrt{\hbar\alpha}} e^{-\frac{1}{2}\zeta^2} H_2(\zeta) \tag{4.3-4}$$

解二：

本题也可以直接在动量表象中求解，这时哈密顿算符为

$$\hat{H} = \left(\frac{1}{2m}\hat{p}^2 + \frac{1}{2}m\omega^2 \hat{x}^2\right) = \frac{1}{2m}p^2 + \frac{1}{2}m\omega^2\left(i\hbar\frac{d}{dp}\right)^2 = \frac{1}{2}\hbar\omega\left(-\frac{d^2}{d\zeta^2} + \zeta^2\right)$$

$$\tag{4.3-5}$$

其中 $\zeta = \beta p, \beta = 1/\sqrt{m\omega\hbar}$.

比较(4.3-5)式与(4.3-1)式，立刻得到动量表象中的能量本征函数为

$$c_n(p) = \sqrt{\beta} N_n e^{-\frac{1}{2}\zeta^2} H_n(\zeta) \tag{4.3-6}$$

其中 $\sqrt{\beta} N_n$ 为归一化因子.

考虑到 $p/(\hbar\alpha) = \beta p$，除了一个相因子外，两种解法的结果完全相同.

【物理讨论】

由解二的推导过程可以看出，在动量表象中求解能量本征方程，得到的能量本征值与在坐标表象中求解的结果完全相同. 这表明量子力学的理论并不受表象形式限制，在本质上具有统一性.

4.4 求线性谐振子哈密顿量在动量表象中的矩阵元.

【题意分析】

已知条件：线性谐振子的哈密顿量为

$$\hat{H} = \frac{1}{2m}\hat{p}^2 + \frac{1}{2}m\omega^2\hat{x}^2 \tag{4.4-1}$$

待求问题：哈密顿量的矩阵元 $H_{p'p''}$.

相互联系：

$$H_{p'p''} = \langle p' | H | p'' \rangle = \int \psi_{q'}^*(x) \hat{H} \psi_{q''}(x) \mathrm{d}x \tag{4.4-2}$$

【求解过程】

解一：

由 (4.3-2) 式，在动量表象中哈密顿量 $\hat{H}$ 的矩阵元为

$$\begin{aligned}
H_{p'p''} &= \frac{1}{2\pi\hbar}\int e^{-\frac{i}{\hbar}p'x}\left(-\frac{\hbar^2}{2m}\frac{\mathrm{d}^2}{\mathrm{d}x^2} + \frac{1}{2}m\omega^2 x^2\right)e^{\frac{i}{\hbar}p''x}\mathrm{d}x \\
&= \frac{1}{2\pi\hbar}\int e^{-\frac{i}{\hbar}p'x}\left(\frac{p''^2}{2m} - \frac{m\omega^2\hbar^2}{2}\frac{\mathrm{d}^2}{\mathrm{d}p''^2}\right)e^{\frac{i}{\hbar}p''x}\mathrm{d}x \\
&= \left(\frac{p''^2}{2m} - \frac{m\omega^2\hbar^2}{2}\frac{\mathrm{d}^2}{\mathrm{d}p''^2}\right)\frac{1}{2\pi\hbar}\int e^{-\frac{i}{\hbar}p'x}e^{\frac{i}{\hbar}p''x}\mathrm{d}x \\
&= \left(\frac{p''^2}{2m} - \frac{m\omega^2\hbar^2}{2}\frac{\mathrm{d}^2}{\mathrm{d}p''^2}\right)\delta(p'' - p') \tag{4.4-3}
\end{aligned}$$

解二：

直接在动量表象中计算，得到

$$H_{p'p''} = \int \delta(p-p')\left[\frac{1}{2m}p^2 + \frac{1}{2}m\omega^2\left(i\hbar\frac{d}{dp}\right)^2\right]\delta(p-p'')dx$$

$$= \int \delta(p-p')\left[\frac{1}{2m}p''^2 + \frac{1}{2}m\omega^2\left(i\hbar\frac{d}{dp''}\right)^2\right]\delta(p-p'')dx$$

$$= \left[\frac{1}{2m}p''^2 + \frac{1}{2}m\omega^2\left(i\hbar\frac{d}{dp''}\right)^2\right]\int \delta(p-p')\delta(p-p'')dx$$

$$= \left[\frac{1}{2m}p''^2 + \frac{1}{2}m\omega^2\left(i\hbar\frac{d}{dp''}\right)^2\right]\delta(p''-p') \tag{4.4-4}$$

【物理讨论】

同样是求哈密顿量在动量表象中的矩阵元,第一解中利用了坐标表象中的动量本征函数,第二解中利用了动量表象中的动量本征函数,两种解法结果相同.

4.5 设已知在 $\hat{L}^2$ 和 $\hat{L}_z$ 的共同表象中,算符 $\hat{L}_x$ 和 $\hat{L}_y$ 的矩阵分别为

$$L_x = \frac{\hbar\sqrt{2}}{2}\begin{pmatrix} 0 & 1 & 0 \\ 1 & 0 & 1 \\ 0 & 1 & 0 \end{pmatrix}, \quad L_y = \frac{\hbar\sqrt{2}}{2}\begin{pmatrix} 0 & -i & 0 \\ i & 0 & -i \\ 0 & i & 0 \end{pmatrix} \tag{4.5-1}$$

求它们的本征值和归一化的本征函数. 最后将矩阵 L_x 和 L_y 对角化.

【题意分析】

已知条件:算符 $\hat{L}_x$ 和 $\hat{L}_y$ 的矩阵形式;

待求问题:本征值和归一化的本征函数,并将矩阵 L_x 和 L_y 对角化.

相互联系:算符 $\hat{O}$ 的本征值 η 与对应的本征函数 Ψ 满足本征方程 $\hat{O}\Psi = \eta\Psi$,归一化条件为 $\Psi^\dagger\Psi = 1$.

【求解过程】

解一:

在 $\hat{L}^2$ 和 $\hat{L}_z$ 的共同表象中,本征方程 $\hat{L}_x\Psi = \eta\Psi$ 的矩阵形式为

$$\frac{\hbar}{\sqrt{2}}\begin{pmatrix} 0 & 1 & 0 \\ 1 & 0 & 1 \\ 0 & 1 & 0 \end{pmatrix}\begin{pmatrix} c_1 \\ c_2 \\ c_3 \end{pmatrix} = \lambda\hbar\begin{pmatrix} c_1 \\ c_2 \\ c_3 \end{pmatrix} \tag{4.5-2}$$

上式中已经设 $\eta = \lambda \hbar$. 上式的非零解条件为

$$\begin{vmatrix} -\lambda & 1/\sqrt{2} & 0 \\ 1/\sqrt{2} & -\lambda & 1/\sqrt{2} \\ 0 & 1/\sqrt{2} & -\lambda \end{vmatrix} = -\lambda^3 + \lambda = 0 \qquad (4.5\text{-}3)$$

由此解出本征值 $\lambda_1 = -1, \lambda_2 = 1, \lambda_3 = 0$.

将本征值 $\lambda_1 = -1$ 代入本征方程(4.5-2),得到

$$\frac{1}{\sqrt{2}} \begin{pmatrix} c_2 \\ c_1 + c_3 \\ c_2 \end{pmatrix} = - \begin{pmatrix} c_1 \\ c_2 \\ c_3 \end{pmatrix}$$

由此解出

$$\Psi_1 = \begin{pmatrix} c_1 \\ c_2 \\ c_3 \end{pmatrix} = c_1 \begin{pmatrix} 1 \\ -\sqrt{2} \\ 1 \end{pmatrix} \qquad (4.5\text{-}4)$$

利用归一化条件 $1 = \Psi_1^\dagger \Psi_1 = 4|c_1|^2$,立刻得到 $c_1 = \frac{1}{2}$.

同样地,与本征值 $\lambda_2 = 1$ 对应的本征函数为 $\Psi_2 = \frac{1}{2}(1, \sqrt{2}, 1)^T$,与本征值 $\lambda_3 = 0$ 对应的本征函数为 $\Psi_3 = \frac{1}{\sqrt{2}}(1, 0, -1)^T$.

定义矩阵

$$S = (\Psi_1, \Psi_2, \Psi_3) = \begin{pmatrix} \frac{1}{2} & \frac{1}{2} & \frac{\sqrt{2}}{2} \\ -\frac{\sqrt{2}}{2} & \frac{\sqrt{2}}{2} & 0 \\ \frac{1}{2} & \frac{1}{2} & -\frac{\sqrt{2}}{2} \end{pmatrix} \qquad (4.5\text{-}5)$$

不难验证

$$S^\dagger L_x S = \hbar \begin{pmatrix} -1 & 0 & 0 \\ 0 & 1 & 0 \\ 0 & 0 & 0 \end{pmatrix} \qquad (4.5\text{-}6)$$

这表明 S 就是使 L_x 对角化的变换矩阵.

对于 $\hat{L}_y$ 的情况,可以按照同样的方法进行处理.

解二:

取狄拉克常量为单位,矩阵 L_x 的 Mathematica 表示为

```
Lx = {{0,1,0},{1,0,1},{0,1,0}}/√2;
```

利用 Mathematica 命令

```
Eigensystem[Lx]//Simplify
```

立刻得到 L_x 的本征值集合和对应的本征函数集合如下

$$\{\{-1,1,0\},\{\{1,-\sqrt{2},1\},\{1,\sqrt{2},1\},\{-1,0,1\}\}\}$$

其中 $\{-1,1,0\}$ 为本征值集合,$\{\{1,-\sqrt{2},1\},\{1,\sqrt{2},1\},\{-1,0,1\}\}$ 为本征函数集合(未归一化).

同样,Mathematica 命令

```
Ly = {{0,-I,0},{I,0,-I},{0,I,0}}/√2;
Eigensystem[Ly]//Simplify
```

给出了 L_y 的本征值集合和对应的本征函数集合

$$\{\{-1,1,0\},\{\{-1,i\sqrt{2},1\},\{-1,-i\sqrt{2},1\},\{1,0,1\}\}\}$$

【物理讨论】

由于坐标系的选择具有任意性,对一个角动量矢量算符,取它所在的方向为 z 轴,它就是 L_z,取它所在的方向为 x 轴,它就是 L_x,显然不会影响它本身的物理性质. 另一方面,我们对角动量进行一个转动变换,把 z 轴变成 x 轴或者 y 轴,L_z 就变成了 L_x 或者 L_y. 转动变换为幺正变换,不会改变算符的本征值,因此角动量的 3 个分量有着相同的本征值谱.

4.6 求连续性方程的矩阵表示.

【题意分析】

已知条件:连续性方程

$$\frac{\partial}{\partial t}w(\boldsymbol{r},t) + \boldsymbol{\nabla} \cdot \boldsymbol{j} = 0 \qquad (4.6\text{-}1)$$

待求问题:对应的矩阵表示.

相互联系:矩阵关系是算符关系的表现,概率密度 $w(\boldsymbol{r},t)$ 是密度算符 $\rho = |\psi\rangle\langle\psi|$ 在坐标表象中的对角元,即 $w(\boldsymbol{r},t) = \langle\boldsymbol{r}|\hat{\rho}|\boldsymbol{r}\rangle$,完整的矩阵关系包含所

有的矩阵元,应该从密度算符出发进行研究.密度算符随时间的变化由薛定谔方程确定.

【求解过程】

利用态矢量的薛定谔方程 $i\hbar\dfrac{\partial}{\partial t}|\psi\rangle = \hat{H}|\psi\rangle$,可以求出

$$i\hbar\dfrac{\partial}{\partial t}\hat{\rho} = i\hbar\dfrac{\partial}{\partial t}(|\psi\rangle\langle\psi|) = i\hbar\left(\dfrac{\partial}{\partial t}|\psi\rangle\right)\langle\psi| + i\hbar|\psi\rangle\left(\dfrac{\partial}{\partial t}\langle\psi|\right)$$

$$= \hat{H}|\psi\rangle\langle\psi| - |\psi\rangle\langle\psi|\hat{H} = \hat{H}\hat{\rho} - \hat{\rho}\hat{H} \tag{4.6-2}$$

对上式取具体表象后,即得到相应的矩阵表示.

例如,取离散的 Q 表象,得到矩阵元关系

$$i\hbar\dfrac{\partial}{\partial t}\rho_{nm} = \sum_{k}(H_{nk}\rho_{km} - \rho_{nk}H_{km}) \tag{4.6-3}$$

其中矩阵元 $\rho_{nm} = \langle n|\psi\rangle\langle\psi|m\rangle = c_n c_m^*$.

【物理讨论】

连续性方程的实质是算符形式的概率守恒定律在坐标表象中的对角元形式,对应的矩阵表示需要找出与连续性方程对应的算符方程,再对此算符方程取一个具体表象.要注意不能简单地把对角元形式的公式直接推广到矩阵形式,因为对角元成立的关系,对非对角元不一定也成立.

在坐标表象中取上述算符方程(4.6-2)的对角元,得到

$$i\hbar\dfrac{\partial}{\partial t}w(\boldsymbol{r},t) = \hat{H}\psi(\boldsymbol{r},t)\psi^*(\boldsymbol{r},t) - \psi(\boldsymbol{r},t)\hat{H}\psi^*(\boldsymbol{r},t) \tag{4.6-4}$$

将哈密顿算符的表达式 $\hat{H} = \dfrac{1}{2m}\hat{\boldsymbol{p}}^2 + U(\boldsymbol{r})$ 代入上式,得到

$$i\hbar\dfrac{\partial}{\partial t}w(\boldsymbol{r},t) = \psi^*(\boldsymbol{r},t)\dfrac{1}{2m}\boldsymbol{p}^2\psi(\boldsymbol{r},t) - \psi(\boldsymbol{r},t)\dfrac{1}{2m}\boldsymbol{p}^2\psi^*(\boldsymbol{r},t)$$

$$= \dfrac{-1}{2m}\hbar^2[\psi^*(\boldsymbol{r},t)\nabla^2\psi(\boldsymbol{r},t) - \psi(\boldsymbol{r},t)\nabla^2\psi^*(\boldsymbol{r},t)]$$

$$= \dfrac{-1}{2m}\hbar^2\nabla\cdot[\psi^*\nabla\psi - \psi\nabla\psi^*]$$

将上式化简,得到

$$\frac{\partial}{\partial t}w(\boldsymbol{r},t) = \frac{1}{2m}\mathrm{i}\hbar\boldsymbol{\nabla}\cdot[\psi^*\boldsymbol{\nabla}\psi - \psi\boldsymbol{\nabla}\psi^*]$$

$$= \boldsymbol{\nabla}\cdot\left[\frac{1}{2m}\mathrm{i}\hbar(\psi^*\boldsymbol{\nabla}\psi - \psi\boldsymbol{\nabla}\psi^*)\right] \qquad (4.6\text{-}5)$$

这就是连续性方程,上述推导过程表明其抽象算符形式的确是(4.6-2)式.

§4.3 扩展练习

E4.1 求坐标的倒数 x^{-1} 在动量表象中的形式.

【提示】 在动量表象中,坐标成为微分算符 $\hat{x} = \mathrm{i}\hbar\dfrac{\mathrm{d}}{\mathrm{d}p}$. 而 $\hat{x}^{-1}\hat{x} = \hat{x}\hat{x}^{-1} = 1$,说明 $\hat{x}^{-1}$ 为 $\hat{x}$ 的逆算符,应该是动量表象中的积分算符,具体形式为 $\hat{x}^{-1}c(p) = \dfrac{1}{\mathrm{i}\hbar}\displaystyle\int_{-\infty}^{p}c(p')\mathrm{d}p'$.

E4.2 用动量表象求一维 δ 函数吸引势 $U(x) = -U_0\delta(x)$ 的束缚态.

【提示】 在动量表象中的定态薛定谔方程为

$$\frac{p^2}{2m}c(p) - U_0\frac{1}{\sqrt{2\pi\hbar}}\psi(0) = Ec(p)$$

其中 $\psi(0)$ 为坐标表象中波函数 $\psi(x)$ 在原点的值.

E4.3 设粒子在周期性势场 $U(x) = U_0\cos(bx)$ 中运动,写出它在动量表象中的薛定谔方程.

【提示】 在动量表象中,位置算符为 $\hat{x} = \mathrm{i}\hbar\dfrac{\mathrm{d}}{\mathrm{d}p}$,因此

$$U(x) = \frac{1}{2}U_0(\mathrm{e}^{\mathrm{i}kx} + \mathrm{e}^{-\mathrm{i}kx}) = \frac{1}{2}U_0(\mathrm{e}^{-k\hbar\frac{\mathrm{d}}{\mathrm{d}p}} + \mathrm{e}^{k\hbar\frac{\mathrm{d}}{\mathrm{d}p}}) \qquad (\text{E4.3-1})$$

定态薛定谔方程为

$$\left[\frac{1}{2m}p^2 + \frac{1}{2}U_0(\mathrm{e}^{-k\hbar\frac{\mathrm{d}}{\mathrm{d}p}} + \mathrm{e}^{k\hbar\frac{\mathrm{d}}{\mathrm{d}p}})\right]c(p) = Ec(p) \qquad (\text{E4.3-2})$$

考虑到

$$\mathrm{e}^{b\frac{\mathrm{d}}{\mathrm{d}p}}c(p) = \sum_{n=0}^{\infty}\frac{1}{n!}b^n c^{(n)}(p) = c(p+b)$$

(E4.3-2)式可以简化为差分方程

$$\frac{1}{2m}p^2 c(p) + \frac{1}{2}U_0[c(p-k\hbar) + c(p+k\hbar)] = Ec(p) \qquad \text{(E4.3-3)}$$

E4.4 求湮没算符 $\hat{a}$ 的本征值和对应的本征态.

【提示】 设湮没算符 $\hat{a}$ 的本征值为 α, 对应的本征态为 $|\alpha\rangle$, 即 $\hat{a}|\alpha\rangle = \alpha|\alpha\rangle$. 利用粒子数算符 $\hat{N} = \hat{a}^\dagger \hat{a}$ 的本征态集合 $\{|n\rangle | n \in \mathbf{N}\}$ 的完备性将 $|\alpha\rangle$ 展开, 得到 $|\alpha\rangle = \sum\limits_{n=0}^{\infty} c_n |n\rangle$. 代入本征方程后, 有

$$\hat{a}|\alpha\rangle = \sum_{n=0}^{\infty} c_n \hat{a}|n\rangle = \sum_{n=0}^{\infty} c_n \sqrt{n}|n-1\rangle = \alpha \sum_{n=0}^{\infty} c_n |n\rangle \qquad \text{(E4.4-1)}$$

比较系数后得到递推公式 $c_{n+1}\sqrt{n+1} = c_n \alpha$, 推出 $c_n = \dfrac{\alpha^n}{\sqrt{n!}} c_0$. 由此得到

$$|\alpha\rangle = c_0 \sum_{n=0}^{\infty} \frac{\alpha^n}{\sqrt{n!}}|n\rangle, \quad \alpha \in \mathbf{C} \qquad \text{(E4.4-2)}$$

其中常数 $c_0 = e^{-|\alpha|^2/2}$ 可以由归一化条件 $\langle \alpha | \alpha \rangle = 1$ 求得.

湮没算符 $\hat{a}$ 的本征态 $|\alpha\rangle$ 也称为相干态, 在量子光学和固体物理等多个领域中有重要的应用.

E4.5 设两个独立简谐振子的产生和湮没算符分别为 $\hat{a}^\dagger, \hat{a}$ 与 $\hat{b}^\dagger, \hat{b}$, 令 $\hat{c} = (\hat{a} \;\; \hat{b})^\mathrm{T}$, 则 $\hat{c}^\dagger = (\hat{a}^\dagger \;\; \hat{b}^\dagger)$, 证明 $\hat{\boldsymbol{J}} = \dfrac{1}{2}\hbar \hat{c}^\dagger \boldsymbol{\sigma} \hat{c}$ 具有角动量算符的代数性质, 并由此求出 J^2 的本征值 ($\boldsymbol{\sigma}$ 为泡利矩阵, 其定义参见(7-4)式).

【答案】 J^2 的本征值为 $j(j+1)\hbar^2$, 其中 $j = 0, \dfrac{1}{2}, 1, \dfrac{3}{2}, \cdots$ 为非负半整数.

E4.6 对产生算符 $\hat{a}^\dagger$ 和湮没算符 $\hat{a}$, 有 $[\hat{a}, \hat{a}^\dagger] = 1$, 计算在粒子数本征态 $|n\rangle$ 中的量子涨落 $\overline{(\Delta a)^2}$ 和 $\overline{(\Delta a^\dagger)^2}$, 并将结果与不确定关系式进行比较.

【提示】 计算结果为 $\overline{(\Delta a)^2} = 0$, $\overline{(\Delta a^\dagger)^2} = 0$. 产生算符 $\hat{a}^\dagger$ 和湮没算符 $\hat{a}$ 不是厄米算符, 不确定关系 $\overline{(\Delta a)^2} \cdot \overline{(\Delta a^\dagger)^2} \geq \dfrac{1}{4}\left|\overline{[a, a^\dagger]}\right|^2$ 不成立.

E4.7 已知体系的哈密顿 $\hat{H} = A\hat{a}^{\dagger 2} + A\hat{a}^2 + B\hat{a}^\dagger \hat{a}$, 求它的本征能量, 其中 A 和 B 满足条件 $B > 2A > 0$, $\hat{a}^\dagger$ 和 $\hat{a}$ 分别是产生算符和湮没算符, 服从对易关系 $[\hat{a}, \hat{a}^\dagger] = 1$.

【提示】 作变换 $\hat{b} = c_1 \hat{a} + c_2 \hat{a}^\dagger$, 将哈密顿 $\hat{H}$ 化为形如 $\hat{H} = \varepsilon \hat{b}^\dagger \hat{b} + \varepsilon_0$ 的形式, 其中

算符 $\hat{b},\hat{b}^\dagger$ 满足对易关系 $[\hat{b},\hat{b}^\dagger]=1,\varepsilon,\varepsilon_0$ 为常数.

E4.8 求算符 $\hat{H}=A\hat{J}^2+B\hat{J}_x+\lambda\hat{J}_z$ 的本征值,其中 $\hat{J}$ 为角动量算符,A,B,λ 为实常数.

【提示】 由角动量算符的对易关系可以证明 $\hat{J}^2$ 与算符 $B\hat{J}_x+\lambda\hat{J}_z$ 对易,因此它们有共同本征态. 令 $\tan\theta=B/\lambda$,得到

$$B\hat{J}_x+\lambda\hat{J}_z=\sqrt{B^2+\lambda^2}(\sin\theta\,\hat{J}_x+\cos\theta\,\hat{J}_z)=\sqrt{B^2+\lambda^2}\,\hat{J}_n$$
(E4.8-1)

其中 $\hat{J}_n=\sin\theta\,\hat{J}_x+\cos\theta\,\hat{J}_z=\hat{\boldsymbol{J}}\cdot\boldsymbol{n}$,$\boldsymbol{n}=\sin\theta\,\boldsymbol{i}+\cos\theta\,\boldsymbol{k}$ 为单位矢量.

$$\hat{H}=A\hat{J}^2+\sqrt{B^2+\lambda^2}\,\hat{J}_n$$
(E4.8-2)

考虑到 $\hat{J}^2,\hat{J}_n$ 相互对易,有共同本征态 $|j,m\rangle,j\in\mathbf{N},|m|\leqslant j$,所以

$$\hat{H}|j,m\rangle=(A\hat{J}^2+\sqrt{B^2+\lambda^2}\,\hat{J}_n)|j,m\rangle=[Aj(j+1)\hbar^2+\sqrt{B^2+\lambda^2}\,m\hbar]|j,m\rangle$$
(E4.8-3)

即算符 $\hat{H}$ 的本征值为 $E_{jm}=Aj(j+1)\hbar^2+\sqrt{B^2+\lambda^2}\,m\hbar$.

E4.9 直接利用基本对易关系 $[\hat{x},\hat{p}]=\mathrm{i}\hbar$,求动量算符的本征值和对应的本征态 $|p\rangle$.

【提示】 由基本对易关系可以推出 $[\hat{p},\mathrm{e}^{\mathrm{i}k\hat{x}}]=\hbar k\mathrm{e}^{\mathrm{i}k\hat{x}},k\in\mathbf{R}$. 设 $|0\rangle$ 为动量为零的本征态,即 $\hat{p}|0\rangle=0|0\rangle=0$,则 $\hat{p}\mathrm{e}^{\mathrm{i}k\hat{x}}|0\rangle=(\mathrm{e}^{\mathrm{i}k\hat{x}}\hat{p}+\hbar k\mathrm{e}^{\mathrm{i}k\hat{x}})|0\rangle=\hbar k\mathrm{e}^{\mathrm{i}k\hat{x}}|0\rangle$. 这表明 $\mathrm{e}^{\mathrm{i}k\hat{x}}|0\rangle$ 为动量算符的本征态,对应的本征值为 $p=\hbar k$.

第五章 微扰理论

§5.1 学习指导

应用量子力学理论解决实际问题,通常需要求解薛定谔方程. 除了前几章中介绍过的几个高度理想化的简单模型外,绝大多数实际量子体系的薛定谔方程都不能精确求解. 因此在量子力学基本理论的基础上,寻找有效的近似方法,求出实际量子体系的近似解是量子力学的重要内容之一.

量子力学中常用的近似方法有微扰近似、准经典近似和变分法等,这些方法在实际问题中有广泛的应用. 微扰近似方法是在已知精确解的量子力学模型的基础上进行的,该方法把系统的哈密顿算符分为两个部分:无微扰哈密顿算符 $\hat{H}_0$ 和微扰项 $\hat{H}'$,其中无微扰哈密顿算符可以精确求解,微扰项相对很小. 这样就可以在无微扰时精确解的基础上,通过逐级近似的方法来求出加上微扰项后引起的修正,从而得到系统的近似解. 准经典近似方法是利用大量子数条件下量子力学与经典力学的对应原理为基础,求出量子理论对经典结果的修正. 变分法是利用能量本征方程中,基态能量的极小值特性,从一类试探函数中选择出使得能量最小的状态,作为基态波函数的近似. 虽然变分法的应用范围比较窄,但可以处理一些无法用微扰近似方法解决的问题.

本章的主要知识点有

1. 定态微扰论

(1) 基本方法

体系的哈密顿 $\hat{H} = \hat{H}_0 + \lambda \hat{H}'$,其中 $\hat{H}_0$,$\hat{H}'$ 均不含时间 t,λ 为表示数量级的小量,$\hat{H}_0$ 的本征方程 $\hat{H}_0 \psi_n^{(0)} = E_n^{(0)} \psi_n^{(0)}$ 可以精确求解. 将 $\hat{H}$ 的本征值与本征函数用小量 λ 展开为 $E_n = E_n^{(0)} + \lambda E_n^{(1)} + \lambda^2 E_n^{(2)} + \cdots$ 和 $\psi_n = \psi_n^{(0)} + \lambda \psi_n^{(1)} + \cdots$,代入本征方程 $\hat{H}\psi_n = E_n \psi_n$ 后得到

$$(\hat{H}_0 + \lambda \hat{H}')(\psi_n^{(0)} + \lambda \psi_n^{(1)} + \cdots)$$
$$= (E_n^{(0)} + \lambda E_n^{(1)} + \lambda^2 E_n^{(2)} + \cdots)(\psi_n^{(0)} + \lambda \psi_n^{(1)} + \cdots) \tag{5-1}$$

比较两边 λ 的同阶量,立即得到本征方程的各级近似,进而可以求出本征值 E_n 与本征函数 ψ_n 的各级修正.

（2）非简并定态微扰论

当无扰动能量本征值 $E_n^{(0)}$ 无简并时,由(5-1)式可以得到能级的一级修正为

$$E_n^{(1)} = H'_{nn} \tag{5-2}$$

能级的二级修正为

$$E_n^{(2)} = \sum_{m \neq n} \frac{|H'_{mn}|^2}{E_n^{(0)} - E_m^{(0)}} \tag{5-3}$$

波函数的一级修正为

$$\psi_n^{(1)} = \sum_{m \neq n} \frac{H'_{mn}}{E_n^{(0)} - E_m^{(0)}} \psi_m^{(0)} \tag{5-4}$$

其中 $H'_{mn} = \int \psi_m^{(0)*} \hat{H}' \psi_n^{(0)} \mathrm{d}\tau$ 为微扰项的矩阵元. 微扰论的适用条件为 $\int |\psi_n^{(1)}|^2 \mathrm{d}\tau \ll 1$,等效于

$$\left| \frac{H'_{mn}}{E_n^{(0)} - E_m^{(0)}} \right| \ll 1, \quad m \neq n \tag{5-5}$$

（3）简并情况下定态微扰理论

当无扰动能级 $E_n^{(0)}$ 存在简并时,对简并态 $\psi_{n\alpha}$, $\alpha = 1, 2, \cdots, f$ 之间的微扰矩阵元,条件(5-5)中的分母为零. 如果在简并态组成的子空间内,微扰矩阵元的非对角元都为零,即 $H'_{\alpha\beta} = H'_{\alpha\alpha} \delta_{\alpha\beta}$,这时可以继续应用非简并微扰理论的结果. 如果微扰矩阵元的非对角元不全为零,这时非简并微扰的结果失效. 我们需要把简并态重新组合为

$$\phi_{n\mu}^{(0)} = \sum_\alpha a_{\mu\alpha} \psi_{n\alpha} \quad \mu, \alpha = 1, 2, \cdots, f \tag{5-6}$$

对组合后的简并态集合,非对角的微扰矩阵元等于零. 即

$$\hat{H}' \phi_{n\mu}^{(0)} = H'_{\mu\mu} \phi_{n\mu}^{(0)}, \quad \mu = 1, 2, \cdots, f \tag{5-7}$$

上述方程等价于

$$\sum_\alpha H'_{\beta\alpha} a_{\mu\alpha} = \lambda a_{\mu\beta} \tag{5-8}$$

在无微扰能量表象中为 $H' \phi^{(0)} = \lambda \phi^{(0)}$,其非零解条件为

$$\det | H'_{\beta\alpha} - \lambda \delta_{\beta\alpha} | = 0 \tag{5-9}$$

所解出的本征值 λ 就是能量的一级修正 $E_{n\mu}^{(1)}$,而对应的本征态(5-6)称为正确的零级近似波函数.

2. 含时微扰理论

在微扰项 $\hat{H}'(t)$ 显含时间的情况下,定态微扰方法完全失效. 设体系的初始状态为 $\hat{H}_0$ 的第 k 个本征函数 ψ_k,现在的主要问题成为求加上微扰项 $\hat{H}'(t)$ 后状态的演化规律,而不是求能级的修正. 为了简明起见,下面把 $\hat{H}_0$ 的能级直接记为 E_n.

(1) 基本方法

显然,状态的演化遵循薛定谔方程

$$\begin{cases} i\hbar \dfrac{\partial}{\partial t}\psi(t) = \hat{H}(t)\psi(t) = [\hat{H}_0 + \hat{H}'(t)]\psi(t) \\ \psi(0) = \psi_k \end{cases} \quad (5\text{-}10)$$

将状态用无微扰定态波函数展开,即 $\psi(t) = \sum_n c_n(t)\psi_n \mathrm{e}^{-\mathrm{i}E_n t/\hbar}$,代入薛定谔方程中,得到

$$\begin{cases} i\hbar c_m'(t) = \sum_n H'_{mn} c_n(t) \mathrm{e}^{\mathrm{i}\omega_{mn}t} \\ c_m(0) = \delta_{mk} \end{cases} \quad (5\text{-}11)$$

其中 $\omega_{mn} = (E_m - E_n)/\hbar$.

(2) 跃迁概率

在一级近似下,由 ψ_k 态到 ψ_m 态($m \neq k$)的跃迁概率幅为

$$c_m(t) = \frac{1}{\mathrm{i}\hbar} \int_0^t H'_{mk} \mathrm{e}^{\mathrm{i}\omega_{mk}t'} \mathrm{d}t' \quad (5\text{-}12)$$

跃迁概率为

$$W_{k \to m} = |c_m(t)|^2 = \frac{1}{\hbar^2} \left| \int_0^t H'_{mk} \mathrm{e}^{\mathrm{i}\omega_{mk}t'} \mathrm{d}t' \right|^2 \quad (5\text{-}13)$$

(3) 典型例子:周期性微扰

典型的周期性微扰项具有下面的形式

$$\hat{H}'(t) = \hat{F}(\mathrm{e}^{\mathrm{i}\omega t} + \mathrm{e}^{-\mathrm{i}\omega t}) \quad (5\text{-}14)$$

由 ψ_k 态到 ψ_m 态($m \neq k$)的跃迁概率为

$$W_{k \to m} \xrightarrow{t \to \infty} \frac{2\pi t}{\hbar} |F_{mk}|^2 \delta(E_m - E_k \pm \hbar\omega) \quad (5\text{-}15)$$

相应的跃迁速率为

$$w_{k\to m} = \frac{dW_{k\to m}}{dt} \xrightarrow{t\to\infty} \frac{2\pi}{\hbar} |F_{mk}|^2 \delta(E_m - E_k \pm \hbar\omega) \tag{5-16}$$

由(5-15)式容易看出 $W_{k\to m} = W_{m\to k}$；令 $\omega = 0$，就得到常微扰情况下的结果．

（4）时间能量的不确定关系

当测量能量的时间为 Δt 时，所测得的能量具有一个不确定范围 ΔE，两者满足关系

$$\Delta E \Delta t \sim \hbar \tag{5-17}$$

3. 光的发射与吸收

（1）过程的描述

从理论上分析，物质发射或者吸收光波的过程是组成该物质的原子与电磁场相互作用的过程．物质吸收光波的实质是原子吸收光子并从较低能级 E_k 跃迁到较高能级 E_m，跃迁速率 $w_{k\to m}$ 与光场强度 $I(\omega)$ 之比称为吸收系数，记为 B_{km}．物质发射光波则相反，原子从较高能级跃迁到较低能级，并放出光子．在光场影响下的跃迁称为受激发射，跃迁速率 $w_{m\to k}$ 与光场强度之比称为受激发射系数，记为 B_{mk}；无外界影响时的跃迁称为自发发射，跃迁速率称为自发发射系数，记为 A_{mk}．

（2）半经典理论

严格地说，原子与电磁场都应该量子化，但是在量子力学的水平上，认为原子的能量是量子化的，而电磁场是经典的，由此得到的结果称为半经典理论．

在通常情况下，光波波长远远大于原子的尺度，这时原子与光波的相互作用可以采用电偶极近似来计算，即忽略磁偶极项和电四极项等小量．设电磁场为单色波，电场沿 x 轴，大小为 $\mathcal{E} = \frac{1}{2}\mathcal{E}_0(e^{i\omega t} + e^{-i\omega t})$，电偶极能量为 $H' = -e x \mathcal{E}$，跃迁速率公式(5-16)成为

$$w_{k\to m}(\omega) = \frac{4\pi^2 e_s^2}{\hbar^2} |x_{mk}|^2 I(\omega) \delta(\omega_{mk} - \omega) \tag{5-18}$$

其中 $I(\omega) = \frac{1}{2}\varepsilon_0 \mathcal{E}_0^2(\omega)$ 为光场的强度．在连续光情况下，跃迁速率成为

$$w_{k\to m} = \int w_{k\to m}(\omega) d\omega = \frac{4\pi^2 e_s^2}{\hbar^2} |x_{mk}|^2 I(\omega_{mk}) \tag{5-19}$$

对各向同性的自然光，跃迁速率公式中的矩阵元 $|x_{mk}|^2$ 应修正为 $\frac{1}{3}|r_{mk}|^2$．

（3）辐射强度与激发态寿命

由(5-19)式,我们推出受激发射系数为

$$B_{mk} = \frac{w_{mk}}{I(\omega_{mk})} = \frac{4\pi^2 e_s^2}{3\hbar^2}|r_{mk}|^2 \tag{5-20}$$

利用热平衡条件,爱因斯坦得到了三个系数之间的关系

$$B_{km} = B_{mk}, \quad A_{mk} = \frac{\hbar\omega_{mk}^3}{\pi^2 c^3}B_{mk} \tag{5-21}$$

由此可以求出吸收系数和自发发射系数.

设处于高能级的原子数为 N_m,在单位时间内有 $A_{mk}N_m$ 个原子自发向低能级跃迁,发射光子的能量为 $\hbar\omega_{mk}$,因此辐射强度为

$$J_{mk} = N_m \hbar\omega_{mk} A_{mk} = N_m \hbar\omega_{mk}\frac{\hbar\omega_{mk}^3}{\pi^2 c^3}\frac{4\pi^2 e_s^2}{3\hbar^2}|r_{mk}|^2 = N_m \frac{4e_s^2\omega_{mk}^4}{3c^3}|r_{mk}|^2 \tag{5-22}$$

而高能级原子数的变化规律为 $\frac{\mathrm{d}}{\mathrm{d}t}N_m = -A_m N_m$,其中 $A_m = \sum_{k<m} A_{mk}$ 为向所有低能级自发辐射系数之和. 由此可以得到

$$N_m(t) = N_m(0)\mathrm{e}^{-A_m t} \tag{5-23}$$

因而激发态的平均寿命大约为 $\tau = 1/A_m$.

（4）选择定则

原子的偶极跃迁主要取决于位置矩阵元,跃迁可以实现的条件为 $|r_{mk}|^2 \neq 0$,这个条件称为偶极跃迁的选择定则.当原子中的电子在中心势场中运动时,由球函数的递推公式可以推出选择定则为

$$\Delta l = \pm 1, \quad \Delta m = 0, \pm 1 \tag{5-24}$$

其中 $\Delta l, \Delta m$ 分别为跃迁前后状态角量子数和磁量子数的改变.

4. 变分法

（1）变分原理

按照变分法,定态薛定谔方程 $\hat{H}|\psi\rangle = E|\psi\rangle$ 等价于平均能量对状态的变分为零,即 $\delta\langle\psi|\hat{H}|\psi\rangle = 0$,其中态矢量满足归一化条件 $\langle\psi|\psi\rangle = 1$. 由于所有定态的能量都不小于基态能量 E_0,因此有 $\min\langle\psi|\hat{H}|\psi\rangle = E_0$,即使得平均能量为最小值的状态为基态,对应的平均能量为基态能量.

(2) Ritz 变分法

在整个态函数空间中,选择一类试探波函数 $\psi(r;\lambda_1,\lambda_2,\cdots)$,其中 $\lambda_1,\lambda_2,\cdots$ 为变分参数. 代入期望值公式 $\overline{H}(\lambda_i) = \int \psi^* \hat{H} \psi \mathrm{d}\tau \big/ \int \psi^* \psi \mathrm{d}\tau$ 后,得到期望值随变分参数变化的函数关系. 由极值条件

$$\frac{\partial \overline{H}(\lambda_i)}{\partial \lambda_i} = 0 \tag{5-25}$$

定出 λ_i 值后,求出的极小值 $\overline{H}(\lambda_i)$ 即为基态能量的近似值. 变分法的结果给出了基态能量的上限.

§5.2 习题分析与求解

5.1 如果类氢原子的核不是点电荷,而是半径为 r_0、电荷均匀分布的小球,计算这种效应对类氢原子基态能量的一级修正.

【题意分析】

已知条件:类氢原子的核是半径为 r_0 的小球,电荷密度为 $\rho = \dfrac{Ze}{V} = \dfrac{3Ze}{4\pi r_0^3}$. 取无穷远处为电势零点,利用问题的球对称性,可以求出核外电子与原子核的电势能为

$$U = -e\phi = -Ze_s^2 \begin{cases} \dfrac{1}{2r_0}\left(3 - \dfrac{r^2}{r_0^2}\right), & r < r_0, \\ 1/r, & r \geqslant r_0, \end{cases} \quad e_s^2 = \dfrac{e^2}{4\pi\varepsilon_0} \tag{5.1-1}$$

将类氢原子的核看成点电荷时,电势能为 $U_0 = -Ze_s^2/r$,作为无微扰的系统,其基态能量本征值 $E_1^{(0)}$ 由(3-25)式给出,相应的波函数为 $\psi_{100}^{(0)} = R_{10}(r)Y_{00}(\theta,\varphi)$.

待求问题:基态能量的一级修正,即在一级近似下求基态能量 E_1 与无微扰基态能量 $E_1^{(0)}$ 之差 $E_1^{(1)}$.

相互联系:显然,在无微扰的情况下,基态能量不存在简并. 按照非简并定态微扰公式,能量的一级修正为

$$E_1^{(1)} = \int \psi_{100}^{(0)*} \hat{H}' \psi_{100}^{(0)} \mathrm{d}\tau \tag{5.1-2}$$

其中微扰项为

$$\hat{H}' = \hat{H} - \hat{H}^{(0)} = U - U_0 = Ze_s^2 \begin{cases} \dfrac{1}{r} - \dfrac{1}{2r_0}\left(3 - \dfrac{r^2}{r_0^2}\right), & r < r_0 \\ 0, & r \geqslant r_0 \end{cases} \quad (5.1\text{-}3)$$

【求解过程】

解一：

将无微扰基态波函数和微扰项(5.1-3)代入到能量的一级修正公式(5.1-2)中，得到

$$E_1^{(1)} = \int \psi_{100}^{(0)*} \hat{H}' \psi_{100}^{(0)} \mathrm{d}\tau = \iiint \psi_{100}^{(0)*} \hat{H}' \psi_{100}^{(0)} r^2 \mathrm{d}r \sin\theta \mathrm{d}\theta \mathrm{d}\varphi$$

$$= \int_0^\pi \sin\theta \mathrm{d}\theta \int_0^{2\pi} \mathrm{d}\varphi \int_0^{r_0} Ze_s^2 \left[\dfrac{1}{r} - \dfrac{1}{2r_0}\left(3 - \dfrac{r^2}{r_0^2}\right)\right] \psi^{(0)2} r^2 \mathrm{d}r \quad (5.1\text{-}4)$$

$$= 4\pi Ze_s^2 \dfrac{2^2}{4\pi}\left(\dfrac{Z}{a_0}\right)^3 \int_0^{r_0}\left[\dfrac{1}{r} - \dfrac{1}{2r_0}\left(3 - \dfrac{r^2}{r_0^2}\right)\right] e^{-2Zr/a_0} r^2 \mathrm{d}r$$

令 $\xi = 2Zr/a_0$，上式成为

$$E_1^{(1)} = \dfrac{Z^2 e_s^2}{a_0} \int_0^b \left[1 - \dfrac{1}{2b}\xi\left(3 - \dfrac{1}{b^2}\xi^2\right)\right] e^{-\xi} \xi \mathrm{d}\xi$$

$$= \dfrac{Z^2 e_s^2}{a_0} \cdot \dfrac{[12 + (b-3)b^2]e^b - 3(b+2)^2 e^{-b}}{b^3} \quad (5.1\text{-}5)$$

其中 $b = 2Zr_0/a_0 \ll 1$.

解二：

考虑到原子核的半径远远小于第一玻尔半径，即 $r_0 \ll a_0$，因此当 $r \leqslant r_0$ 时，有近似表达式 $e^{-2Zr/a_0} \approx 1$. 将这个近似形式代入(5.1-5)式，得到

$$E_1^{(1)} = \dfrac{Z^2 e_s^2}{a_0} \int_0^b \left[1 - \dfrac{1}{2b}\xi\left(3 - \dfrac{1}{b^2}\xi^2\right)\right] \xi \mathrm{d}\xi = \dfrac{Z^2 e_s^2}{a_0} \cdot \dfrac{b^2}{10} = \dfrac{Z^4 e_s^2}{a_0} \cdot \dfrac{2r_0^2}{5a_0^2}$$

$$(5.1\text{-}6)$$

【物理讨论】

如果将(5.1-5)式按小量 b 展开，得到

$$E_1^{(1)} = \dfrac{Z^2 e_s^2}{a_0}\left(\dfrac{b^2}{10} - \dfrac{b^3}{24} + \dfrac{3b^4}{280} + \cdots\right) \quad (5.1\text{-}7)$$

由此可见，解二的结果是解一结果(5.1-5)式的最低阶近似.

当 $r \to 0$ 时，微扰项(5.1-3)式趋向于无穷大，是否能够用微扰理论来处理？按照微扰理论的适用条件，问题取决于微扰矩阵元 H'_{mn} 与无微扰时能级差 $E_n^{(0)} - E_m^{(0)}$ 之比．下面我们对此进行估算，微扰矩阵元

$$H'_{12} = \int \psi_{100}^{(0)*} \hat{H}' \psi_{200}^{(0)} d\tau = 4\pi \iiint R_{10} Y_{00} \hat{H}' R_{20} Y_{00} r^2 dr \sin\theta d\theta d\varphi$$

$$= \int_0^{r_0} Ze_s^2 \left[\frac{1}{r} - \frac{1}{2r_0}\left(3 - \frac{r^2}{r_0^2}\right)\right] R_{10} R_{20} r^2 dr \sim Ze_s^2 \int_0^{r_0} 2\left(\frac{Z}{a_0}\right)^{\frac{3}{2}} \cdot 2\left(\frac{Z}{2a_0}\right)^{\frac{3}{2}} r dr$$

$$= \frac{\sqrt{2} Z^4 e_s^2}{a_0^3} \cdot \frac{1}{2} r_0^2 = \frac{Z^2 e_s^2}{a_0} \cdot \frac{b^2}{4\sqrt{2}} \qquad (5.1\text{-}8)$$

无微扰时能级间的距离为

$$E_2^{(0)} - E_1^{(0)} = -\frac{Z^2 e_s^2}{8a_0} + \frac{Z^2 e_s^2}{2a_0} = \frac{3Z^2 e_s^2}{8a_0} \qquad (5.1\text{-}9)$$

与微扰矩阵元之比为

$$\left|\frac{H'_{12}}{E_2^{(0)} - E_1^{(0)}}\right| = \frac{\sqrt{2} b^2}{3} \ll 1 \qquad (5.1\text{-}10)$$

满足微扰理论的适用条件．(5.1-10)式同时给出了一级修正的精度，因此(5.1-5)式中的高阶项并没有实际意义，本题的两种解法完全等价．

5.2 转动惯量为 I，电偶极矩为 D 的空间转子处在均匀电场 $\mathscr{E}$ 中，如果电场较小，用微扰法求转子基态能量的一级修正．

【题意分析】

已知条件：取电场方向为 z 轴，转子的哈密顿算符为

$$\hat{H} = \frac{1}{2I}\hat{L}^2 - \boldsymbol{D} \cdot \boldsymbol{\mathscr{E}} = \frac{1}{2I}\hat{L}^2 - D\mathscr{E}\cos\theta \qquad (5.2\text{-}1)$$

在无外电场时，哈密顿算符为 $\hat{H}_0 = \hat{L}^2/(2I)$，其能量本征值和对应的本征态分别为

$$E_l^{(0)} = \frac{\hbar^2 l(l+1)}{2I}, \quad \psi_{lm}^{(0)} = Y_{lm}(\theta,\varphi), \quad l \in \mathbf{N}, |m| < l \qquad (5.2\text{-}2)$$

能级的简并度为 $2l+1$．电场较小时，相应的能量 $\hat{H}' = -D\mathscr{E}\cos\theta$ 可以看成

微扰.

待求问题：基态能量的一级修正 $E_0^{(1)}$.

相互联系：由于无微扰时的基态能量不存在简并，按照非简并定态微扰公式，一级修正为

$$E_0^{(1)} = \int \psi_{00}^{(0)*} \hat{H}' \psi_{00}^{(0)} \mathrm{d}\Omega \tag{5.2-3}$$

【求解过程】

解一：

将无微扰基态波函数 $\psi_{00}^{(0)} = Y_{00} = 1/\sqrt{4\pi}$ 和微扰项代入(5.2-3)式后，得到基态能量的一级修正值为

$$E_0^{(1)} = \frac{-1}{4\pi} \int_0^{2\pi} \mathrm{d}\varphi \int_0^{\pi} D\mathscr{E} \cos\theta \sin\theta \mathrm{d}\theta = -\frac{1}{2} D\mathscr{E} \int_0^{\pi} \cos\theta \sin\theta \mathrm{d}\theta = 0$$

$$\tag{5.2-4}$$

解二：

考虑到 $Y_{10} = \sqrt{\dfrac{3}{4\pi}} \cos\theta = \sqrt{3} \cos\theta Y_{00}$，微扰矩阵元为

$$H'_{lm,00} = \int Y_{lm}^* (-D\mathscr{E} \cos\theta) Y_{00} \mathrm{d}\Omega = -\frac{D\mathscr{E}}{\sqrt{3}} \int Y_{lm}^* Y_{10} \mathrm{d}\Omega = -\frac{D\mathscr{E}}{\sqrt{3}} \delta_{l1} \delta_{m0}$$

$$\tag{5.2-5}$$

于是 $E_0^{(1)} = H'_{00,00} = 0$.

【物理讨论】

在电场中极化的双原子分子问题可以用本题的简化模型来处理，能否使用微扰方法是判断电场大小的标准. 在本题的情况下，采用一级近似的适用条件为

$$\frac{|H'_{l0}|}{E_l^{(0)} - E_0^{(0)}} \ll 1 \tag{5.2-6}$$

考虑到微扰矩阵元 $H'_{lm,00}$ 只有一个非零元素 $H'_{10,00}$，而能级间隔 $E_1^{(0)} - E_0^{(0)} = \hbar^2/I$，因此适用条件成为 $\delta = \dfrac{ID\mathscr{E}}{\sqrt{3}\hbar^2} \ll 1$.

基态能量的下一级修正为

$$E_0^{(2)} = \sum_{l\neq 0}\sum_m \frac{|H'_{lm,00}|^2}{E_0^{(0)} - E_l^{(0)}} = \frac{|H'_{10,00}|^2}{E_0^{(0)} - E_1^{(0)}} = -\frac{ID^2 \mathcal{E}^2}{3\hbar^2} \quad (5.2\text{-}7)$$

它与能级间隔之比为 δ^2.

5.3 设一体系未受微扰作用时只有两个能级: E_{01}, E_{02}, 现在受到微扰 $\hat{H}'$ 的作用, 微扰矩阵元为 $H'_{12} = H'_{21} = a, H'_{11} = H'_{22} = b, a, b$ 都是实数. 用微扰公式求能量至二级修正值.

【题意分析】

已知条件: 在能量表象中, 无微扰哈密顿算符和微扰矩阵分别为

$$H_0 = \begin{pmatrix} E_{01} & 0 \\ 0 & E_{02} \end{pmatrix}, \quad H' = \begin{pmatrix} b & a \\ a & b \end{pmatrix} \quad (5.3\text{-}1)$$

待求问题: 能量的二级近似值 $E_1 \approx E_{01} + E_1^{(1)} + E_1^{(2)}, E_2 \approx E_{02} + E_2^{(1)} + E_2^{(2)}$.

相互联系: 按照非简并定态微扰公式, 基态能量的修正为

$$E_n^{(1)} = H'_{nn}, \quad E_n^{(2)} = \sum_{m\neq n} \frac{|H'_{mn}|^2}{E_n^{(0)} - E_m^{(0)}} \quad (5.3\text{-}2)$$

【求解过程】

解一:

将(5.3-1)式代入能量修正公式(5.3-2), 得到一级修正

$$E_1^{(1)} = H'_{11} = b, \quad E_2^{(1)} = H'_{22} = b \quad (5.3\text{-}3)$$

和二级修正

$$E_1^{(2)} = \frac{|H'_{21}|^2}{E_1^{(0)} - E_2^{(0)}} = \frac{a^2}{E_{01} - E_{02}}, \quad E_2^{(2)} = \frac{|H'_{12}|^2}{E_2^{(0)} - E_1^{(0)}} = \frac{a^2}{E_{02} - E_{01}}$$

$$(5.3\text{-}4)$$

因此能量的二级近似值为

$$E_1 = E_{01} + b + \frac{a^2}{E_{01} - E_{02}}, \quad E_2 = E_{02} + b + \frac{a^2}{E_{02} - E_{01}} \quad (5.3\text{-}5)$$

解二:

本题也可以直接求解能量本征值, 系统的哈密顿矩阵为

$$H = H_0 + H' = \begin{pmatrix} E_{01} + b & a \\ a & E_{02} + b \end{pmatrix} \qquad (5.3\text{-}6)$$

能量本征值满足条件

$$\begin{vmatrix} E_{01} + b - \lambda & a \\ a & E_{02} + b - \lambda \end{vmatrix} = (E_{01} + b - \lambda)(E_{02} + b - \lambda) - a^2 = 0$$

由此解出精确的能量本征值为

$$\lambda = b + \frac{1}{2}[E_{01} + E_{02} \pm \sqrt{(E_{01} - E_{02})^2 + 4a^2}] \qquad (5.3\text{-}7)$$

【物理讨论】

当 $a \ll |E_{01} - E_{02}|$ 时,精确解(5.3-7)式可以展开为

$$\lambda = b + \frac{1}{2}\left\{E_{01} + E_{02} \pm (E_{02} - E_{01})\left[1 + \frac{2a^2}{(E_{02} - E_{01})^2}\right]\right\}$$

$$= \begin{cases} b + E_{02} + \dfrac{a^2}{E_{02} - E_{01}} + \cdots \\ b + E_{01} - \dfrac{a^2}{E_{02} - E_{01}} + \cdots \end{cases}$$

与微扰方法的结果进行比较,我们发现微扰近似的适用条件为 $\delta = |a/(E_{02} - E_{01})| \ll 1$,与 b 无关.容易看出,k 级微扰所能够达到的相对精确度为 δ^k.

如果无微扰的两个能级相等,即 $E_{01} = E_{02}$,这时严格解(5.3-7)式仍然正确.

5.4 设在 $t=0$ 时,氢原子处于基态,以后由于受到单色光的照射而电离.设单色光的电场可以近似地表示为 $\mathscr{E} = \mathscr{E}_0 \sin \omega t$,$\mathscr{E}_0$ 及 ω 均为常量.电离后电子的波函数近似地以平面波表示.求这单色光的最小频率和在时刻 t 跃迁到电离态的概率.

【题意分析】

已知条件:电子初态为基态 $\psi_{100} = \dfrac{1}{\sqrt{\pi a_0^3}} e^{-r/a_0}$,能量 $E_1 \approx -13.6\text{eV}$,末态为自由电子,可以用平面波表示 $\psi_k = \left(\dfrac{1}{2\pi}\right)^{3/2} e^{i k \cdot r}$.微扰项为 $\hat{H}'(t) = e r \cdot \mathscr{E} =$

$\hat{F}(\mathrm{e}^{\mathrm{i}\omega t} - \mathrm{e}^{-\mathrm{i}\omega t})$,其中 $\hat{F} = \dfrac{1}{2\mathrm{i}} e\boldsymbol{r} \cdot \boldsymbol{\mathcal{E}}_0$.

待求问题：单色光的最小频率 $\nu_{\min}$ 和时刻 t 电子跃迁到电离态的概率 $W_{1\to k} = |c_k(t)|^2$.

相互联系：能量守恒条件 $E_1 + \hbar\omega = E_k = \hbar^2 k^2/(2m) \geqslant 0$，含时微扰公式

$$c_k(t) = \frac{1}{\mathrm{i}\hbar}\int_0^t H'_{k,1}\mathrm{e}^{\mathrm{i}\omega_{k,1}t'}\mathrm{d}t', \quad \omega_{k,1} = \frac{E_k - E_1}{\hbar} \tag{5.4-1}$$

【求解过程】

解一：

由能量守恒条件得到 $\omega \geqslant -E_1/\hbar = \omega_{\min}$，即可得 $\nu_{\min} = \dfrac{\omega_{\min}}{2\pi} = \dfrac{-E_1}{h} \approx 3.3 \times 10^{15}$ Hz. 而微扰矩阵元为 $H'_{k,1} = \hat{F}_{k,1}(\mathrm{e}^{\mathrm{i}\omega t} - \mathrm{e}^{-\mathrm{i}\omega t})$，其中 $\hat{F}_{k,1} = \iiint \psi_k^* \dfrac{e\boldsymbol{r}\cdot\boldsymbol{\mathcal{E}}_0}{2\mathrm{i}}\psi_{100}\mathrm{d}\tau$ 与时间无关. 因此概率幅为

$$c_k(t) = \frac{1}{\mathrm{i}\hbar}\hat{F}_{k,1}\int_0^t(\mathrm{e}^{\mathrm{i}\omega t} - \mathrm{e}^{-\mathrm{i}\omega t})\mathrm{e}^{\mathrm{i}\omega_{k,1}t'}\mathrm{d}t' = \frac{\hat{F}_{k,1}}{\hbar}\left[\frac{\mathrm{e}^{\mathrm{i}(\omega_{k,1}-\omega)t}-1}{\omega_{k,1}-\omega} - \frac{\mathrm{e}^{\mathrm{i}(\omega_{k,1}+\omega)t}-1}{\omega_{k,1}+\omega}\right] \tag{5.4-2}$$

由于 $\omega_{k,1}, \omega$ 都非常大，上式第二项比第一项小得多，可以略去. 得到跃迁概率

$$W_{1\to k} = |c_k(t)|^2 = \frac{1}{\hbar^2}|\hat{F}_{k,1}|^2 \frac{|\mathrm{e}^{\mathrm{i}(\omega_{k,1}-\omega)t}-1|^2}{(\omega_{k,1}-\omega)^2}$$

$$= \frac{4}{\hbar^2}|\hat{F}_{k,1}|^2 \frac{\sin^2\frac{1}{2}(\omega_{k,1}-\omega)t}{(\omega_{k,1}-\omega)^2} \tag{5.4-3}$$

上式中

$$\hat{F}_{k,1} = \iiint \frac{1}{(2\pi)^{3/2}}\mathrm{e}^{-\mathrm{i}\boldsymbol{k}\cdot\boldsymbol{r}} \frac{e\boldsymbol{r}\cdot\boldsymbol{\mathcal{E}}_0}{2\mathrm{i}} \frac{1}{\sqrt{\pi a_0^3}}\mathrm{e}^{-r/a_0}\mathrm{d}\tau \tag{5.4-4}$$

取电子电离后的波矢量方向为极轴，以电场与波矢量所在平面为 xz 平面，建立球坐标系. 这时有 $\boldsymbol{k} = k\boldsymbol{e}_z$，$\boldsymbol{\mathcal{E}}_0 = \mathcal{E}_0(\cos\Theta\boldsymbol{e}_z + \sin\Theta\boldsymbol{e}_x)$，$\boldsymbol{r} = r(\cos\theta\boldsymbol{e}_z + \sin\theta\cos\varphi\boldsymbol{e}_x + \sin\theta\sin\varphi\boldsymbol{e}_y)$，于是 $\boldsymbol{k}\cdot\boldsymbol{r} = kr\cos\theta$，$\boldsymbol{r}\cdot\boldsymbol{\mathcal{E}}_0 = r\mathcal{E}_0(\cos\Theta\cos\theta + \sin\Theta\sin\theta\cos\varphi)$，代入(5.4-4)式中得

$$\hat{F}_{k,1} = \frac{e\mathcal{E}_0}{2\mathrm{i}(2\pi)^{3/2}\sqrt{\pi a_0^3}} \iiint e^{-\mathrm{i}kr\cos\theta - r/a_0} r(\cos\Theta\cos\theta + \sin\Theta\sin\theta\cos\varphi)\mathrm{d}\tau$$

(5.4-5)

对方位角 φ 积分后，第二项为零，得到

$$\hat{F}_{k,1} = \frac{e\mathcal{E}_0\cos\Theta}{2\mathrm{i}(2\pi)^{1/2}\sqrt{\pi a_0^3}} \int_0^\infty r^2 \mathrm{d}r \int_0^\pi e^{-\mathrm{i}kr\cos\theta - r/a_0} r\cos\theta\sin\theta\mathrm{d}\theta$$

再对 θ 角积分，有

$$\hat{F}_{k,1} = \frac{e\mathcal{E}_0\cos\Theta}{2\mathrm{i}(2\pi)^{1/2}\sqrt{\pi a_0^3}} \int_0^\infty r^3 e^{-r/a_0} \mathrm{d}r \frac{2\mathrm{i}(kr\cos kr - \sin kr)}{k^2 r^2}$$

$$= \frac{e\mathcal{E}_0\cos\Theta}{\pi k^2 \sqrt{2a_0^3}} \int_0^\infty r e^{-r/a_0}(kr\cos kr - \sin kr)\mathrm{d}r$$

$$= \frac{e\mathcal{E}_0\cos\Theta}{\pi k^2 \sqrt{2a_0^3}} \cdot \frac{-8a_0^5 k^3}{(1+a_0^2 k^2)^3} = \frac{-8a_0^4 k e\mathcal{E}_0\cos\Theta}{\pi\sqrt{2a_0}(1+a_0^2 k^2)^3} \quad (5.4\text{-}6)$$

解二：

本题也可以直接利用周期微扰的跃迁公式 $W_{1\to k} \xrightarrow{t\to\infty} \frac{2\pi t}{\hbar}|F_{k,1}|^2\delta(E_k - E_1 \pm \hbar\omega)$，考虑到 $E_k > E_1$，式中只能取减号。而 $\delta(E_k - E_1 - \hbar\omega) = \delta(\hbar(\omega_{k,1} - \omega)) = \delta(\omega_{k,1} - \omega)/\hbar$，因此有

$$W_{1\to k} \xrightarrow{t\to\infty} \frac{2\pi t}{\hbar^2}|F_{k,1}|^2\delta(\omega_{k,1} - \omega) \quad (5.4\text{-}7)$$

【物理讨论】

本题中所用的时刻 t 为测量时间，其大小为宏观量级，比起氢原子内部微观过程的特征时间 $\tau \sim |\hbar/E_1| \approx 5\times 10^{-17}$ s 要大得多，可以看成 $t\to\infty$。这时有 $\frac{\sin^2 xt}{x^2} \sim \pi t\delta(x)$，(5.4-3)式成为

$$W_{1\to k} \approx \frac{2\pi t}{\hbar^2}|F_{k,1}|^2\delta(\omega_{k,1} - \omega) \quad (5.4\text{-}8)$$

两种解法的结果是一致的。

将(5.4-8)式对波矢量进行积分，即得到时刻 t 跃迁到各个电离态的总概

率,即发射光电子的概率为 $W = \iiint W_{1 \to k} d\boldsymbol{k}$.

5.5 基态氢原子处于平行板电场中,若电场是均匀的且随时间按指数下降,即

$$\mathscr{E} = \begin{cases} 0, & t < 0 \\ \mathscr{E}_0 e^{-t/\tau}, & t \geq 0 \end{cases} \quad (\tau \text{ 为大于零的参数})$$

求经过长时间后氢原子处在2p态的概率.

【题意分析】

已知条件:电子初态为基态 ψ_{100},末态为 ψ_{21m}. 电子与电场的相互作用能量为 $\hat{H}'(t) = e\boldsymbol{r} \cdot \mathscr{E} = \hat{F} e^{-t/\tau}, \hat{F} = e\boldsymbol{r} \cdot \mathscr{E}_0, t \geq 0$,可以看成微扰.

待求问题:$t \gg \tau$ 时,电子跃迁到2p态的概率 $W = \sum_m W_{100 \to 21m}$.

相互联系:跃迁概率为 $W_{100 \to 21m} = |c_{21m}(t)|^2$,其中

$$c_{21m}(t) = \frac{1}{i\hbar} \int_0^t H'_{21m,100} e^{i\omega_{2,1} t'} dt', \quad \omega_{2,1} = \frac{E_2 - E_1}{\hbar} \tag{5.5-1}$$

【求解过程】

微扰矩阵元为 $H'_{21m,100} = \hat{F}_{21m,100} e^{-t/\tau}$,其中 $\hat{F}_{21m,100} = \iiint \psi^*_{21m} e\boldsymbol{r} \cdot \mathscr{E}_0 \psi_{100} d\tau$ 与时间无关. 因此概率幅为

$$\begin{aligned} c_{21m}(t) &= \frac{1}{i\hbar} \int_0^t H'_{21m,100} e^{i\omega_{2,1} t'} dt' \\ &= \frac{1}{i\hbar} \hat{F}_{21m,100} \int_0^t e^{-t'/\tau + i\omega_{2,1} t'} dt' = \frac{\tau}{i\hbar} \hat{F}_{21m,100} \frac{e^{-t/\tau + i\omega_{2,1} t} - 1}{-1 + i\omega_{2,1} \tau} \end{aligned} \tag{5.5-2}$$

由于 $t \gg \tau$,上式分子中的指数项可以略去,于是有

$$W_{100 \to 21m} = |c_{21m}(t)|^2 = \frac{1}{\hbar^2} |\hat{F}_{21m,100}|^2 \frac{\tau^2}{1 + \omega_{2,1}^2 \tau^2} \tag{5.5-3}$$

总跃迁概率为

$$W_{1s \to 2p} = \sum_m W_{100 \to 21m} = \frac{1}{\hbar^2} \frac{\tau^2}{1 + \omega_{2,1}^2 \tau^2} F^2, \quad F^2 = \sum_m |\hat{F}_{21m,100}|^2 \tag{5.5-4}$$

取电场方向为极轴,$e\boldsymbol{r} \cdot \mathscr{E}_0 = er\mathscr{E}_0 \cos\theta$,则

$$\hat{F}_{21m,100} = e\mathcal{E}_0 \iiint \psi_{21m}^* r\cos\theta \psi_{100} \mathrm{d}\tau = e\mathcal{E}_0 \iiint R_{21} Y_{1m}^* r\cos\theta R_{10} Y_{00} \mathrm{d}\tau$$

$$= e\mathcal{E}_0 \int_0^\infty R_{21} r R_{10} r^2 \mathrm{d}r \iint Y_{1m}^* \cos\theta Y_{00} \mathrm{d}\Omega = e\mathcal{E}_0 r_{21,10} (\cos\theta)_{1m,00}$$

(5.5-5)

利用关系式 $Y_{10} = \sqrt{3}\cos\theta Y_{00}$,得到横向矩阵元

$$(\cos\theta)_{1m,00} = \iint Y_{1m}^* \cos\theta Y_{00} \mathrm{d}\Omega = \frac{1}{\sqrt{3}} \iint Y_{1m}^* Y_{10} \mathrm{d}\Omega = \frac{1}{\sqrt{3}} \delta_{m0} \quad (5.5\text{-}6)$$

而径向矩阵元为

$$r_{21,10} = \int_0^\infty R_{21} R_{10} r^3 \mathrm{d}r = \int_0^\infty \left(\frac{1}{2a_0}\right)^{3/2} \frac{r}{\sqrt{3}a_0} e^{-\frac{r}{2a_0}} r^3 \cdot 2\left(\frac{1}{a_0}\right)^{3/2} e^{-\frac{r}{a_0}} \mathrm{d}r$$

$$= \frac{1}{\sqrt{6}a_0^4} \int_0^\infty r^4 e^{-\frac{3r}{2a_0}} \mathrm{d}r = \frac{1}{\sqrt{6}a_0^4} \cdot \left(\frac{2a_0}{3}\right)^5 \times 4! = \frac{2^{15/2}}{3^{9/2}} a_0$$

(5.5-7)

将上面的结果代入(5.5-5)式后,得到

$$F^2 = \sum_m |\hat{F}_{21m,100}|^2 = \frac{1}{3} e^2 \mathcal{E}_0^2 \frac{2^{15}}{3^9} a_0^2 \quad (5.5\text{-}8)$$

上式代入(5.5-4)式后,得到跃迁概率为

$$W_{1s\to 2p} = \frac{2^{15}}{3^{10}} \cdot \frac{e^2 \mathcal{E}_0^2 a_0^2}{\hbar^2} \frac{\tau^2}{1+\omega_{2,1}^2 \tau^2} \quad (5.5\text{-}9)$$

【物理讨论】

由于氢原子处在 2p 态时存在自发辐射,因此停留时间非常短,约为 5×10^{-10} s(见下题的物理讨论),在长时间后氢原子实际上仍然回到基态.

5.6 计算氢原子由第一激发态到基态的自发发射概率.

【题意分析】

已知条件:氢原子初态为 $\psi_{2lm}, l=0,1, |m| \leq l$, 4 度简并;末态为 ψ_{100}.

待求问题:自发发射概率 $W = A_{2,1} t, A_{2,1} = \sum_{l,m} A_{2lm,100}$.

相互联系:

$$A_{mk} = \frac{\hbar \omega_{mk}^3}{\pi^2 c^3} B_{mk}, \quad B_{mk} = \frac{4\pi^2 e_s^2}{3\hbar^2} |\boldsymbol{r}_{mk}|^2$$

$$\omega_{mk} = \frac{E_m - E_k}{\hbar} \qquad (5.6\text{-}1)$$

【求解过程】

解一：

由选择定则 $\Delta l = \pm 1$ 知，$2s \to 1s$ 是禁戒的，只要考虑 $2p \to 1s$ 的跃迁. 由公式 (5.6-1) 得到

$$A_{21m,100} = \frac{\hbar \omega_{21}^3}{\pi^2 c^3} \frac{4\pi^2 e_s^2}{3\hbar^2} |\boldsymbol{r}_{21m,100}|^2 = \frac{4e_s^2 \omega_{2,1}^3}{3\hbar c^3} |\boldsymbol{r}_{21m,100}|^2 \qquad (5.6\text{-}2)$$

其中坐标矩阵元可以分解为径向矩阵元与横向矩阵元的乘积

$$\boldsymbol{r}_{21m,100} = \iiint \psi_{21m}^* \boldsymbol{r} \psi_{100} \mathrm{d}\tau = \int_0^\infty R_{21} r R_{10} r^2 \mathrm{d}r \iint Y_{1m}^* \boldsymbol{n} Y_{00} \mathrm{d}\Omega = r_{21,10} \boldsymbol{n}_{1m,00} \qquad (5.6\text{-}3)$$

上式中径向矩阵元 $r_{21,10}$ 由上题 (5.5-7) 式给出，$\boldsymbol{n} = \boldsymbol{r}/r$ 为径向单位矢量，其球坐标分量为

$$n_\pm = \frac{x \pm iy}{r} = \sin\theta e^{\pm i\varphi}, \quad n_z = \frac{z}{r} = \cos\theta \qquad (5.6\text{-}4)$$

利用球函数的定义，得到 $n_\pm Y_{00} = \mp \sqrt{\frac{2}{3}} Y_{1,\pm 1}$，$n_z Y_{00} = \sqrt{\frac{1}{3}} Y_{10}$，于是得到横向矩阵元

$$(n_\pm)_{1m,00} = \iint Y_{1m}^* n_\pm Y_{00} \mathrm{d}\Omega = \mp \sqrt{\frac{2}{3}} \iint Y_{1m}^* Y_{1,\pm 1} \mathrm{d}\Omega = \mp \sqrt{\frac{2}{3}} \delta_{m,\pm 1}$$

$$(n_z)_{1m,00} = \iint Y_{1m}^* n_z Y_{00} \mathrm{d}\Omega = \sqrt{\frac{1}{3}} \iint Y_{1m}^* Y_{10} \mathrm{d}\Omega = \sqrt{\frac{1}{3}} \delta_{m,0} \qquad (5.6\text{-}5)$$

由此推出直角坐标分量的横向矩阵元

$$(n_x)_{1m,00} = \frac{1}{2}[(n_+)_{1m,00} + (n_-)_{1m,00}] = \sqrt{\frac{1}{6}}(-\delta_{m,1} + \delta_{m,-1})$$

$$\mathrm{i}(n_y)_{1m,00} = \frac{1}{2}[(n_+)_{1m,00} - (n_-)_{1m,00}] = -\sqrt{\frac{1}{6}}(\delta_{m,1} + \delta_{m,-1}) \qquad (5.6\text{-}6)$$

于是

$$|\boldsymbol{n}_{1m,00}|^2 = |(n_x)_{1m,00}|^2 + |(n_y)_{1m,00}|^2 + |(n_z)_{1m,00}|^2$$

$$= \frac{1}{3}(\delta_{m,1} + \delta_{m,-1} + \delta_{m,0})$$

根据上面的结果,得到自发发射速率为

$$A_{2,1} = A_{21,10} = \sum_m A_{21m,100} = \frac{4e_s^2 \omega_{2,1}^3}{3\hbar c^3} \sum_m |\boldsymbol{r}_{21m,100}|^2$$

$$= \frac{4e_s^2 \omega_{2,1}^3}{3\hbar c^3} r_{21,10}^2 \sum_m |\boldsymbol{n}_{1m,00}|^2 = \frac{4e_s^2 \omega_{2,1}^3}{3\hbar c^3} \cdot \frac{2^{15}}{3^9} a_0^2 = \frac{2^{17}}{3^{10}} \cdot \frac{e_s^2 \omega_{2,1}^3 a_0^2}{\hbar c^3}$$

(5.6-7)

在 t 时刻,自发发射概率为 $A_{2,1}t$.

解二:

按照题意分析,得到

$$A_{2,1} = \sum_m A_{21m,100} = \frac{4e_s^2 \omega_{2,1}^3}{3\hbar c^3} \sum_m |\boldsymbol{r}_{21m,100}|^2 \tag{5.6-8}$$

其中已经考虑到了角量子数的选择定则.

由于上式与坐标轴方向的选取无关,因此有 $|\boldsymbol{r}_{21m,100}|^2 = 3|z_{21m,100}|^2$,而

$$z_{21m,100} = \iiint \psi_{21m}^* r\cos\theta \psi_{100} d\tau = \int_0^\infty R_{21} r R_{10} r^2 dr \iint Y_{1m}^* \cos\theta Y_{00} d\Omega$$

$$= \frac{2^{15/2}}{3^{9/2}} a_0 \cdot \frac{1}{\sqrt{3}} \delta_{m,0} = \frac{2^{15/2}}{3^5} a_0 \delta_{m,0} \tag{5.6-9}$$

代入(5.6-8)式后得

$$A_{2,1} = \frac{4e_s^2 \omega_{2,1}^3}{\hbar c^3} \sum_m |z_{21m,100}|^2 = \frac{4e_s^2 \omega_{2,1}^3}{\hbar c^3} \cdot \frac{2^{15}}{3^{10}} a_0^2 \tag{5.6-10}$$

【物理讨论】

在 2p→1s 的自发跃迁过程中,所发出的光子能量为

$$\hbar \omega_{2,1} = E_2 - E_1 = \frac{m_e e_s^4}{2\hbar^2}\left(1 - \frac{1}{4}\right) = \frac{3m_e e_s^4}{8\hbar^2} \approx 10.2 \text{ eV} \tag{5.6-11}$$

对应的波长为 $\lambda_{2,1} = 2\pi c/\omega_{2,1} \approx 1.21 \times 10^{-7}$ m,在紫外光波段.

自发发射速率的具体数值为

$$A_{2,1} = \frac{e_s^2 \omega_{2,1}^3}{\hbar c^3} \cdot \frac{2^{17}}{3^{10}} a_0^2 = \frac{2^8}{3^7} \cdot \frac{m_e^3 e_s^{14}}{\hbar^{10} c^3} \left(\frac{\hbar^2}{m_e e_s^2}\right)^2 = \frac{2^8}{3^7} \cdot \frac{m_e e_s^{10}}{\hbar^6 c^3} = 1.91 \times 10^9 \text{ s}^{-1}$$

(5.6-12)

因此 2p 态的平均寿命为 $\tau = 1/A_{21} = 5.23 \times 10^{-10}$ s.

5.7 计算氢原子由 2p 态跃迁到 1s 态时所发出的光谱线强度.

【题意分析】

已知条件:电子初态为 ψ_{21m},末态为 ψ_{100},自发发射速率为 $A_{21,10} = \dfrac{2^8}{3^7} \cdot \dfrac{m_e e_s^{10}}{\hbar^6 c^3}$.

待求问题:光谱线强度 $J_{2p,1s}$.

相互联系:设 N_m 为初态的原子个数,则 $J_{m,k} = N_m \hbar \omega_{m,k} A_{m,k}$ (5.7-1)

【求解过程】

利用上题的结果,得到

$$J_{2p,1s} = N_{2p} \hbar \omega_{2,1} A_{21,10} = N_{2p} \frac{3 m_e e_s^4}{8 \hbar^2} \cdot \frac{2^8}{3^7} \frac{m_e e_s^{10}}{\hbar^6 c^3}$$

$$= N_{2p} \frac{2^5}{3^6} \cdot \frac{m_e^2 e_s^{14}}{\hbar^8 c^3} = 3.1 \times 10^{-9} N_{2p} \,(W) \quad (5.7\text{-}2)$$

【物理讨论】

作为比较,我们考察氢原子由 3p 态跃迁到 1s 态时所发出的光谱线强度. 由上题可知

$$A_{3,1} = A_{31,10} = \frac{4 e_s^2 \omega_{3,1}^3}{3 \hbar c^3} r_{31,10}^2 \quad (5.7\text{-}3)$$

于是

$$\frac{J_{3p}}{J_{2p}} = \frac{N_{3p} \hbar \omega_{3,1} A_{3p,1s}}{N_{2p} \hbar \omega_{2,1} A_{2p,1s}} = \frac{N_{3p} \omega_{3,1}^4 r_{31,10}^2}{N_{2p} \omega_{2,1}^4 r_{21,10}^2} \quad (5.7\text{-}4)$$

不难算出 $\dfrac{\omega_{3,1}}{\omega_{2,1}} = \dfrac{32}{27}$,$r_{31,10} = \dfrac{3^{7/2}}{2^{13/2}} a_0$,于是有

$$\frac{J_{3p}}{J_{2p}} = \frac{N_{3p} \omega_{3,1}^4 r_{31,10}^2}{N_{2p} \omega_{2,1}^4 r_{21,10}^2} = \frac{N_{3p}}{N_{2p}} \cdot \frac{3^4}{2^8} = 0.3164 \times \frac{N_{3p}}{N_{2p}} \quad (5.7\text{-}5)$$

假设光源中的氢原子满足玻尔兹曼分布,则 $J_{np} = 3 \mathrm{e}^{-\beta E_n}$,于是

$$J_{3p} = 0.3164 \times \mathrm{e}^{-\beta \hbar \omega_{3,2}} J_{2p} < 0.3164 J_{2p} \quad (5.7\text{-}6)$$

在通常的温度下,$\mathrm{e}^{-\beta \hbar \omega_{3,2}} \ll 1$,因此 $J_{3p} \ll J_{2p}$,即一般只需考虑从 2p 态到基态的

跃迁.

5.8 求线性谐振子偶极跃迁的选择定则.

【题意分析】

已知条件：谐振子初态为 ψ_n，末态为 ψ_m，与光场的偶极作用能为 $\hat{H}'(t) = ex\mathcal{E}_0\cos\omega t$.

待求问题：跃迁速率 $w_{n\to m} \propto \dfrac{2\pi}{\hbar}|F_{mn}|^2 \neq 0$ 的条件.

相互联系：

$$F = \frac{1}{2}ex\mathcal{E}_0$$

【求解过程】

由题意分析可知，电偶极辐射的跃迁速率正比于位置矩阵元的模方，即

$$w_{n\to m} \propto |x_{mn}|^2 \tag{5.8-1}$$

利用谐振子本征函数的递推公式(2-17)，容易推出

$$x_{mn} = \int \psi_m^* x \psi_n \mathrm{d}x = \frac{1}{\alpha}\int \psi_m^*\left(\sqrt{\frac{n}{2}}\psi_{n-1} + \sqrt{\frac{n+1}{2}}\psi_{n+1}\right)\mathrm{d}x$$

$$= \frac{1}{\alpha}\left(\sqrt{\frac{n}{2}}\delta_{m,n-1} + \sqrt{\frac{n+1}{2}}\delta_{m,n+1}\right) \tag{5.8-2}$$

由此得到跃迁速率不为零的条件是 $m = n\pm 1$，即选择定则为 $\Delta m = m - n = \pm 1$.

【物理讨论】

在一般情况下，光波的电场为 $\mathcal{E} = \mathcal{E}_0\cos(kx - \omega t)$，考虑到光波的波长远远大于原子尺度，即 $2\pi/k \gg x$，则有 $kx \ll 1$. 将原子与电场的相互作用能量按小量 kx 展开

$$H' = ex\mathcal{E} = ex\mathcal{E}_0\left(\cos\omega t + kx\sin\omega t - \frac{1}{2}k^2x^2\cos\omega t + \cdots\right) \tag{5.8-3}$$

上式中的第一项对应于电偶极辐射，第二项对应于电四极辐射，第三项对应于电八极辐射.

电四极辐射的跃迁速率为

$$w_{k\to m} \propto (e\mathcal{E}_0 k)^2|(x^2)_{mk}|^2 \tag{5.8-4}$$

利用谐振子本征函数的递推公式(2-17),容易推出

$$x^2\psi_n = \frac{x}{\alpha}\left(\sqrt{\frac{n}{2}}\psi_{n-1} + \sqrt{\frac{n+1}{2}}\psi_{n+1}\right)$$

$$= \frac{1}{\alpha^2}\left(\frac{\sqrt{n(n-1)}}{2}\psi_{n-2} + \frac{2n+1}{2}\psi_n + \frac{\sqrt{(n+1)(n+2)}}{2}\psi_{n+2}\right)$$

于是

$$(x^2)_{mn} = \int \psi_m^* x^2 \psi_n \mathrm{d}x$$

$$= \frac{1}{\alpha^2}\int \psi_m^*\left[\frac{\sqrt{n(n-1)}}{2}\psi_{n-2} + \frac{2n+1}{2}\psi_n + \frac{\sqrt{(n+1)(n+2)}}{2}\psi_{n+2}\right]\mathrm{d}x$$

$$= \frac{1}{\alpha^2}\left[\frac{\sqrt{n(n-1)}}{2}\delta_{m,n-2} + \frac{2n+1}{2}\psi_{m,n} + \frac{\sqrt{(n+1)(n+2)}}{2}\delta_{m,n+2}\right]$$

(5.8-5)

由此得到电四极辐射的选择定则为 $\Delta m = m - n = 0, \pm 2$. 在电偶极辐射被禁戒时,可以观察到电四极辐射,但是辐射强度非常弱.

§5.3 扩展练习

E5.1 如果粒子在外场中的整个势能 $\lambda U(r)$ 可以当作微扰来处理,在能量保持不变的条件下求波函数的一级修正 $\psi^{(1)}$.

【提示】 显然,无微扰薛定谔方程为

$$-\frac{\hbar^2}{2m}\nabla^2\psi^{(0)} = E\psi^{(0)} \quad (\text{E5.1-1})$$

令 $k^2 = 2mE/\hbar^2$,上式简化为

$$\nabla^2\psi^{(0)} + k^2\psi^{(0)} = 0 \quad (\text{E5.1-2})$$

这是一个自由粒子的能量本征方程,具有连续谱.

在能量保持不变的条件下含微扰的定态薛定谔方程为

$$\nabla^2\psi + k^2\psi = \lambda V\psi, \quad V = 2mU/\hbar \quad (\text{E5.1-3})$$

将波函数进行微扰展开,令 $\psi = \psi^{(0)} + \lambda\psi^{(1)} + \cdots$,代入方程(E5.1-3)后展开到一级近似

$$\nabla^2(\psi^{(0)} + \lambda\psi^{(1)}) + k^2(\psi^{(0)} + \lambda\psi^{(1)}) = \lambda V\psi^{(0)} \qquad (E5.1\text{-}4)$$

利用(E5.1-2)式,上式可以简化为

$$\nabla^2\psi^{(1)} + k^2\psi^{(1)} = V(\boldsymbol{r})\psi^{(0)} \qquad (E5.1\text{-}5)$$

这是一个赫姆霍兹方程. 仿照电动力学中推迟势的求解方法,得到

$$\psi^{(1)}(\boldsymbol{r}) = -\frac{1}{4\pi}\iiint\frac{e^{ikR}}{R}V(\boldsymbol{r}')\psi^{(0)}(\boldsymbol{r}')\mathrm{d}\tau', \quad R = |\boldsymbol{r}' - \boldsymbol{r}| \qquad (E5.1\text{-}6)$$

E5.2 一维非简谐振子的势能为 $U = \frac{1}{2}\mu\omega^2 x^2 + Ax^3 + Bx^4$,用微扰方法求基态能量的二级近似.

【提示】 将 $H' = Ax^3 + Bx^4$ 作为微扰,反复利用谐振子本征函数的递推公式(2-17).

E5.3 考虑电子质量随速度改变的相对论效应,计算氢原子基态能量的修正.

【提示】 考虑相对论效应后,电子的动能为

$$T = \sqrt{m^2c^4 + p^2c^2} - mc^2 = mc^2\left[\left(1 + \frac{p^2}{m^2c^2}\right)^{\frac{1}{2}} - 1\right] \approx \frac{1}{2m}p^2 - \frac{1}{8m^3c^2}p^4$$

$$(E5.3\text{-}1)$$

在展开中我们利用了条件 $p \ll mc$. 因此,哈密顿算符应该修正为

$$\hat{H} = \frac{1}{2m}\hat{p}^2 - \frac{e_s^2}{r} - \frac{1}{8m^3c^2}\hat{p}^4 \qquad (E5.3\text{-}2)$$

将哈密顿算符的改变量 $\hat{H}' = -\frac{1}{8m^3c^2}\hat{p}^4$ 作为微扰项,可以计算出能级的相对论修正.

E5.4 在宽度 a 的一维无限深势阱中运动的粒子,受到微扰

$$H' = \begin{cases} -b, & 0 < x < \frac{1}{2}a \\ b, & \frac{1}{2}a < x < a \end{cases}$$

的作用,求第 n 个激发态中粒子空间概率分布的改变.

【提示】 先用公式(5-4)计算出波函数的一级修正 $\psi_n^{(1)}(x)$,再计算概率分布的改变.

$$\Delta w(x) = |\psi_n^{(0)}(x) + \psi_n^{(1)}(x)|^2 - |\psi_n^{(0)}(x)|^2 \approx 2|\psi_n^{(0)}(x)\psi_n^{(1)}(x)|$$

E5.5 质量为 m 的粒子在二维无限深势阱中($0 \leqslant x \leqslant \pi, 0 \leqslant y \leqslant \pi$)中运动,在阱内有一势场 $U = \eta\cos x\cos y$.

(1) 写出 $\eta = 0$ 时能量最低的四个能级和相应的本征函数.

(2) 在 η 很小但不为零时,求第一激发态能量至 η 项.

【提示】 当 $\lambda = 0$ 时,能量最低的四个能级和相应的本征函数分别为

$$E_{11} = 2\varepsilon, \quad \psi_{11} = \frac{2}{\pi}\sin x\sin y, \quad \varepsilon = \hbar^2/(2m)$$

$$E_{12} = 5\varepsilon, \quad \psi_{12} = \frac{2}{\pi}\sin x\sin 2y, \quad \psi_{21} = \frac{2}{\pi}\sin 2x\sin y$$

$$E_{22} = 8\varepsilon, \quad \psi_{22} = \frac{2}{\pi}\sin 2x\sin 2y$$

$$E_{31} = 10\varepsilon, \quad \psi_{13} = \frac{2}{\pi}\sin x\sin 3y, \quad \psi_{31} = \frac{2}{\pi}\sin 3x\sin y$$

在 η 很小时,可以将势场作为微扰,即 $H' = U$;无微扰时第一激发态能量 $E_{12} = 5\varepsilon$,对应本征函数 ψ_{12} 和 ψ_{21},为 2 度简并. 微扰矩阵元 $H'_{12,12} = \int_0^\pi dx \int_0^\pi dy \psi_{12}^* \hat{H}' \psi_{12} = 0$, $H'_{12,21} = H'_{21,12} = \frac{1}{4}\eta$, $H'_{21,21} = 0$. 代入简并微扰公式(5-9),可解出能量的一级修正为 $\pm\frac{1}{4}\eta$.

E5.6 某量子系统的哈密顿算符在能量表象中的形式为 H,现在受到微扰 H' 作用,求能量的一级修正 $E^{(1)}$ 与波函数的零级近似 $\phi^{(0)}$. 其中

$$H = \begin{pmatrix} E & 0 & 0 \\ 0 & E & 0 \\ 0 & 0 & E \end{pmatrix}, \quad H' = \begin{pmatrix} 0 & \eta & 0 \\ \eta & 0 & 0 \\ 0 & 0 & \eta \end{pmatrix}$$

【提示】 无微扰时能级为 3 度简并,利用简并微扰公式(5-8),得到

$$H'\phi^{(0)} = E^{(1)}\phi^{(0)} \Leftrightarrow \begin{pmatrix} 0 & \eta & 0 \\ \eta & 0 & 0 \\ 0 & 0 & \eta \end{pmatrix}\begin{pmatrix} c_1 \\ c_2 \\ c_3 \end{pmatrix} = E^{(1)}\begin{pmatrix} c_1 \\ c_2 \\ c_3 \end{pmatrix}$$

由此算出 $E^{(1)} = \pm\eta$,对应的波函数零级近似为 $\phi_-^{(0)} = \frac{1}{\sqrt{2}}\begin{pmatrix} 1 \\ -1 \\ 0 \end{pmatrix}$, $\phi_{+,1}^{(0)} = \frac{1}{\sqrt{2}}\begin{pmatrix} 1 \\ 1 \\ 0 \end{pmatrix}$,

$$\phi_{+,2}^{(0)} = \begin{pmatrix} 0 \\ 0 \\ 1 \end{pmatrix}, 简并部分解除.$$

E5.7 转动惯量为 I 的空间转子受到微扰 $H' = A\cos^2\theta$ 的作用,求转子第一激发态能量的一级修正.

【提示】 无微扰时第一激发态能量为 $E_1^{(0)} = \hbar^2/I$,本征函数 $\psi_{1,m}^{(0)} = Y_{1m}(\theta,\varphi)$,$m = 0, \pm 1$,为 3 度简并,微扰矩阵元为 $H'_{m,m'} = \iint Y_{1m}^* H' Y_{1m'} d\Omega$.

E5.8 粒子在一维势阱 $U(x) = \lambda x^4$ 中运动,用变分法求基态能量.

【提示】 考虑到基态波函数无零点,对称势阱中基态波函数为偶函数,取试探函数为 $\psi(x) = e^{-\frac{1}{2}\alpha^2 x^2}$,其中 α 为变分参数. 得到能量期望值为

$$E(\alpha) = \frac{\int \psi^* \hat{H} \psi dx}{\int \psi^* \psi dx} = \frac{\hbar^2 \alpha^2}{4m} + \frac{3\lambda}{4\alpha^2}$$

由 $E'(\alpha) = 0$,得到能量的极小值 $E_{\min} = \frac{3\hbar^2}{8m}\left(\frac{6\lambda m}{\hbar^2}\right)^{\frac{1}{3}}$,即基态能量的近似值.

E5.9 一双能级系统的能量分别为 E_1 和 E_2,对应的本征态为 ϕ_1 和 ϕ_2,受到周期性微扰作用,在能量表象中微扰矩阵为 $H'(t) = \begin{pmatrix} 0 & Ae^{-i\omega t} \\ A^* e^{i\omega t} & 0 \end{pmatrix}$. 设初始时刻系统处于状态 ϕ_1,求经过时间 t 后跃迁到状态 ϕ_2 的概率.

【提示】 根据(5-13)式,一级近似下的跃迁概率为

$$W_{1\to 2} = \frac{1}{\hbar^2} \left| \int_0^t H'_{12}(t') e^{i\omega_{12}t'} dt' \right|^2 = \frac{1}{\hbar^2} \left| \int_0^t Ae^{-i\omega t'} e^{i\omega_{12}t'} dt' \right|^2$$

$$= \frac{4|A|^2 \sin^2 \frac{1}{2}(\omega_{12} - \omega)t}{\hbar^2(\omega_{12} - \omega)^2}$$

其中 $\omega_{12} = (E_1 - E_2)/\hbar$.

E5.10 根据光速 c 有限及能量 E 与时间 t 的不确定关系 $\Delta E \cdot \Delta t \sim \frac{1}{2}\hbar$,估计正负电子对能够发生湮没的最长距离.

【提示】 测量一系统的能量使得测量误差在 ΔE 之内所需要的测量时间 Δt 必须满足 $\Delta t \geq \hbar/\Delta E$,因此在 $\tau < \hbar/E$ 的时间内,就不可能观测到一个能量为 E 的

粒子. 这种理论上应该存在, 但实验上不可能观测到微观对象称为虚粒子.

正负电子对通过交换虚光子而相互作用, 虚光子的生存时间 $\tau < \hbar/E$, 所能通过的最大距离为 $R = c\tau < c\hbar/E$. 要保证湮没过程 $e^- + e^+ \to 2\gamma$ 前后能量守恒, 虚光子的能量 $E \geq m_e c^2$, 于是得到 $R < c\hbar/(m_e c^2) = \hbar/(m_e c) = \lambda_C$, 即正负电子对能够发生湮没的最长距离大约为电子的康普顿波长.

E5.11 设核子之间的相互作用是由 π 介子传递的, 试由能量 - 时间不确定关系和核力的力程大小估计 π 介子的静止质量.

【提示】 核力力程 R 约为 1.3×10^{-15} m, 由上题的分析, $R \sim \hbar/(m_\pi c)$, 因此得到 $m_\pi \sim \hbar/(Rc)$.

第六章 散 射

§6.1 学习指导

实验上,人们从微观对象(如原子或原子核)中获取信息的主要渠道有两个:一是微观对象所发出的光或其他射线,二是该微观对象对入射光或其他粒子束的吸收和散射.原子吸收或者发射光波的频率是离散的,谱线具有线状结构,说明原子具有能级,原子能级与其内部相互作用之间有密切的联系,这部分内容已经在前几章中作了介绍.本章主要研究入射粒子束被一个作为靶粒子的微观对象所散射的问题,被散射后粒子的能量分布与出射角度分布反映了靶粒子的性质,通过对散射实验数据的分析可以了解靶粒子的内部结构及其与散射粒子的相互作用.

散射可以分为弹性散射与非弹性散射,在弹性散射过程中入射粒子的能量保持不变,不涉及靶粒子内部状态的变化,相对比较单纯,是散射问题理论研究的基础.非弹性散射过程可以按出射粒子的能量或者其他性质分为若干个反应道,对各个反应道的理论处理方法与弹性散射类似.

本章的重点是粒子束对中心势场的弹性散射,与粒子在中心势场的能级问题有密切的联系,在学习过程中与第三章相关内容进行比较,有助于我们对量子力学理论的全面理解.必须注意:当靶粒子的质量为无穷大时,散射中心与靶粒子重合;当靶粒子质量有限时,散射中心为靶粒子和入射粒子的质心,入射粒子的质量应该修正为折合质量,所得到的散射截面也要作相应的变换.

本章的主要知识点有

1. 散射过程的描述

(1) 实验测量的描述

以入射方向为极轴,散射中心为原点,入射粒子流在单位时间内散射到 (θ,φ) 方向立体角 $\mathrm{d}\Omega = \sin\theta\mathrm{d}\theta\mathrm{d}\varphi$ 内的粒子数为 $\mathrm{d}n$,它与入射粒子流的强度 N 和立体角的大小 $\mathrm{d}\Omega$ 成正比,比例系数

$$q(\theta,\varphi) = \frac{\mathrm{d}n}{N\mathrm{d}\Omega} \tag{6-1}$$

具有面积的量纲,称为微分散射截面.微分散射截面等于单位强度的入射粒子流在单位时间内散射到(θ,φ)方向单位立体角内的粒子数,可以用实验直接测量.微分散射截面对立体角进行积分后,得到总散射截面

$$Q = \iint q(\theta,\varphi)d\Omega = \int_0^{2\pi} d\varphi \int_0^{\pi} q(\theta,\varphi)\sin\theta d\theta \tag{6-2}$$

上式给出了散射粒子数与入射粒子数之比.

(2) 理论计算的描述

取入射流密度为1,入射波函数为$\psi_{in} = e^{ikz}$;从微观尺度看,散射粒子探测器离开散射中心很远,可以认为$r \to \infty$.在一般情况下,入射粒子与散射中心的相互作用势能满足条件$\lim_{r \to \infty} U(r) = 0$,被测散射波表现为球面波.在弹性散射时,由于能量守恒,散射波波矢量的大小与入射波相同,因此有$\psi_{out} = f(\theta,\varphi)e^{ikr}/r$,其中$f(\theta,\varphi)$称为散射振幅.完整的波函数满足定态薛定谔方程

$$-\frac{\hbar^2}{2m}\nabla^2\psi + U(r)\psi = E\psi \tag{6-3}$$

和无穷远边界条件

$$\psi = \psi_{in} + \psi_{out} = e^{ikz} + f(\theta,\varphi)\frac{e^{ikr}}{r} \tag{6-4}$$

(3) 理论与实验的联系

由第二章的知识,入射波的概率流密度为

$$\boldsymbol{J}_{in}(\boldsymbol{r}) = \frac{\hbar}{m}\boldsymbol{\nabla}(kz) = \frac{\hbar k}{m}\boldsymbol{e}_k = v\boldsymbol{e}_k$$

因此入射粒子流的强度为$N = v$.当$r \to \infty$时,在$\theta \neq 0$方向上只有出射波,其概率流密度为

$$\boldsymbol{J}_r(\boldsymbol{r}) = \frac{\hbar|f(\theta,\varphi)|^2}{mr^2}\boldsymbol{\nabla}(kr) = \frac{\hbar k|f(\theta,\varphi)|^2}{mr^2}\boldsymbol{e}_r = \frac{v|f(\theta,\varphi)|^2}{r^2}\boldsymbol{e}_r$$

故单位时间穿过球面元$dS = r^2 d\Omega$的散射粒子数为

$$dn = \boldsymbol{J}_r(\boldsymbol{r})dS = v|f(\theta,\varphi)|^2 d\Omega$$

由此得到微分散射截面的理论公式为

$$q(\theta,\varphi) = \frac{dn}{Nd\Omega} = |f(\theta,\varphi)|^2 \tag{6-5}$$

2. 分波法

在中心势场$U = U(r)$的情况下,问题具有绕z轴的轴对称性,波函数与φ无

关. 取球坐标对定态薛定谔方程(6-3)分离变量, 得到通解

$$\psi(r,\theta) = \sum_l P_l(\cos\theta) R_l(r) \tag{6-6}$$

其中 $P_l(x)$ 为 l 阶勒让德多项式, $R_l(r)$ 称为第 l 个分波的径向波函数, 满足方程

$$R_l'' + \frac{2}{r} R_l' + \left[k^2 - \frac{l(l+1)}{r^2} - V(r) \right] R_l = 0 \tag{6-7}$$

上式中 $k^2 = 2mE/\hbar^2$ 为波矢量的模方, $V(r) = 2mU(r)/\hbar^2$ 为重新标度过的势能.

定义约化的径向波函数 $u_l(r) = rR_l(r)$, 得到

$$\begin{cases} u_l'' + \left[k^2 - \dfrac{l(l+1)}{r^2} - V(r) \right] u_l = 0 \\ u_l(0) = 0 \end{cases} \tag{6-8}$$

上式的解具有渐近形式

$$u_l(r) \xrightarrow{r \to \infty} A_l \sin\left(kr - \frac{1}{2} l\pi + \delta_l \right) \tag{6-9}$$

当散射势场 $V(r) = 0$ 时, $\delta_l = 0$, 这表明 δ_l 为入射波中第 l 个分波经过散射后的相位移动. 将上式代入(6-6)式后, 再与边界条件(6-4)比较, 得到散射振幅

$$f(\theta) = \sum_l f_l(\theta), \quad f_l(\theta) = \frac{1}{k}(2l+1) P_l(\cos\theta) e^{i\delta_l} \sin\delta_l \tag{6-10}$$

由此可以求出散射截面为

$$Q = \sum_l Q_l \tag{6-11}$$

其中

$$Q_l = 2\pi \int_0^\pi q_l(\theta) \sin\theta d\theta = \frac{4\pi}{k^2}(2l+1) \sin^2\delta_l \tag{6-12}$$

称为第 l 个分波的散射截面, 而 $q_l(\theta) = |f_l(\theta)|^2$ 为第 l 个分波的微分散射截面.

分波法具有普遍正确性, 但是具体计算中存在分波级数(6-11)的收敛速度问题. 如散射势场的力程为 a, 则当 $l > ka$ 时, 相移 δ_l 就可以忽略不计. 因此, 在波矢量较小时, 即低能入射粒子的情况下, 只需计算前几个分波截面, 就可以得到总散射截面的近似值.

3. 玻恩近似

如果入射粒子的能量很高, 远远大于其与散射中心的势能, 这时可以用微扰

方法来计算. 取入射波 $\psi_{in} = e^{ikz} = e^{i\boldsymbol{k}\cdot\boldsymbol{r}}$ 为无扰动波函数, 出射波 ψ_{out} 为一级修正, 在弹性散射时有(参见习题 E5.1)

$$\psi_{out}(\boldsymbol{r}) = -\frac{1}{4\pi}\iiint \frac{e^{ikR}}{R}V(\boldsymbol{r}')\psi_{in}(\boldsymbol{r}')d\tau', \quad \boldsymbol{R} = \boldsymbol{r}-\boldsymbol{r}' \tag{6-13}$$

散射中心到测量点的距离 r 远远大于其到相互作用点 r' 的距离, 即 $r \gg r'$, 上式化简为

$$\psi_{out}(\boldsymbol{r}) \approx -\frac{1}{4\pi}\frac{e^{ikr}}{r}\iiint e^{-i\boldsymbol{k}'\cdot\boldsymbol{r}'}V(\boldsymbol{r}')e^{i\boldsymbol{k}\cdot\boldsymbol{r}'}d\tau'$$

与(6-4)式比较后, 得到散射振幅为

$$f(\theta,\varphi) = -\frac{1}{4\pi}\iiint e^{i(\boldsymbol{k}-\boldsymbol{k}')\cdot\boldsymbol{r}'}V(\boldsymbol{r}')d\tau' = -\frac{1}{4\pi}\iiint e^{-i\boldsymbol{K}\cdot\boldsymbol{r}'}V(\boldsymbol{r}')d\tau' \tag{6-14}$$

其中 $K = |\boldsymbol{k}'-\boldsymbol{k}| = 2k\sin\frac{1}{2}\theta$, θ 为入射波波矢量 $\boldsymbol{k}$ 和散射波波矢量 $\boldsymbol{k}'$ 之间的夹角.

在中心势场中, 上式可以进一步简化为

$$f(\theta) = -\frac{1}{K}\int_0^\infty rV(r)\sin Kr\,dr \tag{6-15}$$

设散射势场的力程为 a, 由连续谱一级微扰公式成立的条件, 得到

$$|U| \ll \frac{\hbar v}{a} = \frac{\hbar^2 k}{ma} \quad \text{或} \quad |V| = \left|\frac{2mU}{\hbar^2}\right| \ll \frac{2k}{a} \tag{6-16}$$

§6.2 习题分析与求解

6.1 粒子受到势能为 $U(r) = \dfrac{a}{r^2}$ 的场的散射, 求 s 分波的微分散射截面.

【题意分析】

已知条件: 重新标度后的散射势能 $V(r) = Ar^{-2}$, $A = 2ma/\hbar^2$.

待求问题: s 分波的微分散射截面 $q_0(\theta)$.

相互联系: 第 l 个分波的微分散射截面为 $q_l(\theta) = |f_l(\theta)|^2$; 对应的散射振幅 $f_l(\theta) = \dfrac{1}{k}(2l+1)P_l(\cos\theta)e^{i\delta_l}\sin\delta_l$. 其中相移取决于径向薛定谔方程

$$R_l'' + \frac{2}{r}R_l' + \left[k^2 - \frac{l(l+1)}{r^2} - V(r)\right]R_l = 0, \quad r \in [0, \infty)$$

(6.1-1)

【求解过程】

在本题情况下，径向方程(6.1-1)为

$$R_l'' + \frac{2}{r}R_l' + \left[k^2 - \frac{l(l+1)}{r^2} - \frac{A}{r^2}\right]R_l = 0, \quad r \in [0, \infty) \quad (6.1\text{-}2)$$

设 $x = kr, \alpha_l = \frac{1}{2}[\sqrt{(2l+1)^2 + 4A} - 1]$，上式成为

$$\frac{d^2 R_l}{dx^2} + \frac{2}{x}\frac{dR_l}{dx} + \left[1 - \frac{\alpha_l(\alpha_l + 1)}{x^2}\right]R_l = 0 \quad (6.1\text{-}3)$$

这是一个 α_l 阶球贝塞尔方程，通解为

$$R_0 = C j_{\alpha_l}(x) + D j_{-\alpha_l}(x) = C j_{\alpha_l}(kr) + D j_{-\alpha_l}(kr) \quad (6.1\text{-}4)$$

考虑到 $j_{-\alpha_l}(kr)$ 在 $r = 0$ 处发散，有界性条件要求系数 $D = 0$。

利用球贝塞尔函数在 $r \to \infty$ 处的渐近表示式(见附录 A)，立刻得到

$$R_l \xrightarrow{r \to \infty} \frac{C}{r}\sin\left(kr - \frac{\alpha_l}{2}\pi\right) \quad (6.1\text{-}5)$$

与相移关系式 $R_l \sim \frac{1}{r}\sin\left(kr - \frac{l}{2}\pi + \delta_l\right)$ 相比，可以看出第 l 个分波的相移为

$$\delta_l = -\frac{1}{2}\pi(\alpha_l - l) = -\frac{1}{4}\pi[\sqrt{(2l+1)^2 + 4A} - (2l+1)]$$

(6.1-6)

相应的散射振幅和微分散射截面分别为

$$f_l(\theta) = \frac{1}{k}(2l+1)P_l(\cos\theta)e^{i\delta_l}\sin\delta_l, \quad q_l(\theta) = |f_l(\theta)|^2 \quad (6.1\text{-}7)$$

s 分波对应于 $l = 0$，这时 $\delta_0 = -\frac{1}{4}\pi(\sqrt{1+4A} - 1)$，微分散射截面为

$$q_0(\theta) = \left|\frac{1}{k}P_0(\cos\theta)e^{i\delta_0}\sin\delta_0\right|^2 = \frac{1}{k^2}\sin^2\frac{\pi(\sqrt{1+4A} - 1)}{4}$$

(6.1-8)

【物理讨论】

(6.1-8)式表明,s 分波的微分散射截面与角度无关,具有球对称性,这个性质对任何中心势场都是正确的,它反映了低能散射的共同特点. 由此容易算出 s 分波的散射截面为

$$Q_0 = \iint q_0(\theta)\,\mathrm{d}\Omega = \frac{4\pi}{k^2}\sin^2\frac{\pi(\sqrt{1+4A}-1)}{4} \qquad (6.1\text{-}9)$$

为了考察相移随参数 A 和角量子数 l 变化的情况,我们利用 Mathematica 命令

δ[l_,A_]:=-Pi/4 (Sqrt[(2 l+1)^2+4 A]-(2 l+1))
Plot[δ[l,{1,2,4,8}],{l,0,20}]

得到 A 分别等于 1,2,4,8 时,相移 δ_l 随角量子数 l 变化的曲线,如图 6-1.

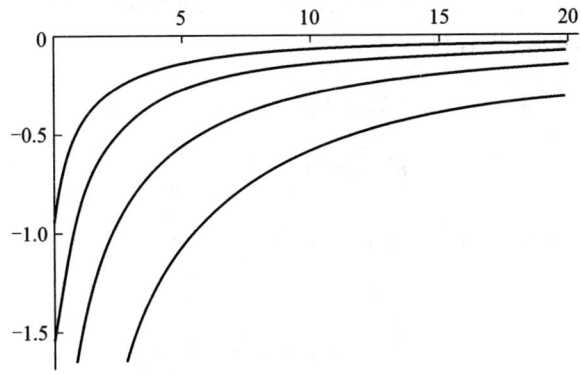

图 6-1

图中自上而下 4 条曲线分别对应于 $A=1,2,4,8$,可见相移大小 $|\delta_l|$ 随参数 A 增加而增大,随角量子数 l 增加而迅速减小.

6.2 慢速粒子受到势能为

$$U(r) = \begin{cases} U_0, & r \leq a \\ 0, & r > a \end{cases}$$

的场的散射,若 $E < U_0, U_0 > 0$,求散射截面.

【题意分析】

已知条件:慢速粒子波数 $k = \sqrt{2mE}/\hbar \ll 1$,重新标度的势能为

$$V(r) = \begin{cases} V_0, & r \leqslant a, \\ 0, & r > a, \end{cases} \text{其中 } V_0 = 2mU_0/\hbar^2 > k^2.$$

待求问题：散射截面 Q.

相互联系：$Q = \sum_l Q_l, Q_l = \dfrac{4\pi}{k^2}(2l+1)\sin^2\delta_l$，其中相移由定解问题

$$\begin{cases} u_l'' + \left[k^2 - \dfrac{l(l+1)}{r^2} - V(r)\right]u_l = 0 \\ u_l(0) = 0 \end{cases} \tag{6.2-1}$$

确定.

【求解过程】

由于力程 a 固定，由已知条件可知 $ka < 1$，因此散射截面主要由 s 分波确定，即 $Q \approx Q_0$. 当 $l = 0$ 时，方程(6.2-1)成为

$$\begin{cases} u_0'' + (k^2 - V_0)u_0 = 0, & r \leqslant a \\ u_0'' + k^2 u_0 = 0, & r > a \end{cases} \tag{6.2-2}$$

令 $\kappa = \sqrt{V_0 - k^2}$，并考虑到边界条件 $u_0(0) = 0$，容易解出

$$u_0 = \begin{cases} A\sinh(\kappa r), & r \leqslant a \\ B\sin(kr + \varphi), & r > a \end{cases} \tag{6.2-3}$$

利用波函数及其导数在 $r = a$ 处的连续性条件，得到

$$A\sinh(\kappa a) = B\sin(ka + \varphi)$$

$$A\kappa\cosh(\kappa a) = Bk\cos(ka + \varphi)$$

上式可以简化为

$$\dfrac{1}{\kappa}\tanh(\kappa a) = \dfrac{1}{k}\tan(ka + \varphi) \tag{6.2-4}$$

将(6.2-3)式与标准的渐近表示式

$$u_l \xrightarrow{r \to \infty} \sin\left(kr - \dfrac{l}{2}\pi + \delta_l\right)$$

相比，可以看出相移为 $\delta_0 = \varphi$. 由(6.2-4)式可以解出相移为

$$\delta_0 = \arctan\left[\frac{k}{\kappa}\tanh(\kappa a)\right] - ka \qquad (6.2\text{-}5)$$

散射截面为

$$Q \approx Q_0 = \frac{4\pi}{k^2}\sin^2\delta_0 \qquad (6.2\text{-}6)$$

【物理讨论】

当 $k \to 0$ 时,利用近似式 $\tan kx \sim \sin kx \sim kx$,由(6.2-5)式得到

$$\delta_0 = \frac{k}{\kappa}\tanh(\kappa a) - ka \qquad (6.2\text{-}7)$$

散射截面为

$$Q \approx \frac{4\pi}{k^2}\left[\frac{k}{\kappa}\tanh(\kappa a) - ka\right]^2 = 4\pi a^2\left[\frac{\tanh(\kappa a)}{\kappa a} - 1\right]^2 \qquad (6.2\text{-}8)$$

即

$$\frac{Q}{4\pi a^2} \approx \left[\frac{\tanh(\kappa a)}{\kappa a} - 1\right]^2 \qquad (6.2\text{-}9)$$

上式表明以作用球表面积 $4\pi a^2$ 作为单位时,散射截面完全由参数组合 $\xi = \kappa a$ 确定. 利用 Mathematica 命令

```
Plot[(Tanh[ξ]/ξ-1)^2,{ξ,0,20}]
```

得到散射截面随参数组合 ξ 变化的曲线如图 6-2.

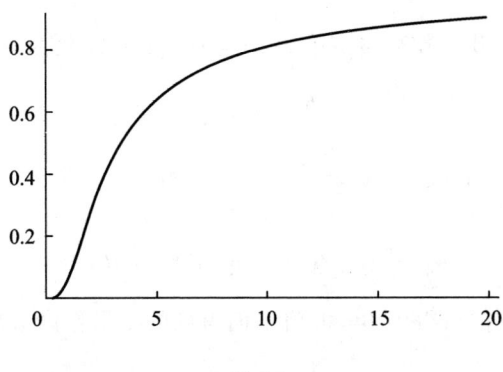

图 6-2

容易验证,当参数组合 $\xi \to \infty$ 时,$Q/(4\pi a^2) \to 1$. 这说明低能粒子对一个刚球散射时,散射截面恰好为该刚球的表面积 $4\pi a^2$,而不像经典粒子散射时那样为该刚球的横截面积 πa^2. 刚球的背面也对入射粒子的散射产生了影响,这是微观粒子波动性的表现.

6.3 只考虑 s 分波,求慢速粒子受到势能为 $U(r) = \dfrac{a}{r^4}$ 的场散射时的散射截面.

【题意分析】

已知条件:粒子波数 $k = \sqrt{2mE}/\hbar \to 0$,散射势能 $V(r) = g^2 r^{-4}$,$g = \sqrt{2ma}/\hbar > 0$.

待求问题:散射截面 Q_0.

相互联系:$Q_l = \dfrac{4\pi}{k^2}(2l+1)\sin^2\delta_l$,其中相移由径向薛定谔方程确定.

【求解过程】

解一:

在 s 分波情况下,角量子数 $l = 0$,径向薛定谔方程为

$$R_0'' + \frac{2}{r}R_0' + \left(k^2 - \frac{g^2}{r^4}\right)R_0 = 0 \tag{6.3-1}$$

取零能量极限,即 $k \to 0$,上式成为

$$R_0'' + \frac{2}{r}R_0' - \frac{g^2}{r^4}R_0 = 0 \tag{6.3-2}$$

为了简化问题,我们作变量变换,令 $x = g/r$,上式简化为

$$\frac{d^2 R_0}{dx^2} - R_0 = 0 \tag{6.3-3}$$

通解为

$$R_0 = Ae^{-x} + Be^{x} = Ae^{-g/r} + Be^{g/r} \tag{6.3-4}$$

由边界条件 $\lim\limits_{r \to +0} R_0$ 有界,得到 $B = 0$. 将上面得到的结果作渐近展开,得到

$$R_0 = Ae^{-g/r} \xrightarrow{r \to \infty} A\left(1 - \frac{g}{r} + \cdots\right) \tag{6.3-5}$$

另一方面,径向薛定谔方程(6.3-1)解的渐近展开式为

$$R_0 \to C \frac{\sin(kr+\delta_0)}{kr} = C \frac{\sin kr\cos\delta_0 + \cos kr\sin\delta_0}{kr} \quad (6.3\text{-}6)$$

取零能量极限,$\sin kr \sim kr$, $\cos kr \sim 1$,得到

$$R_0 \to C\cos\delta_0 \frac{\sin kr + \cos kr \tan\delta_0}{kr} \sim C\cos\delta_0 \left(1 + \frac{\tan\delta_0}{kr}\right) \quad (6.3\text{-}7)$$

将此结果与(6.3-5)式进行比较,立刻得到

$$A = C\cos\delta_0, \quad \tan\delta_0 = -kg \quad (6.3\text{-}8)$$

因此当 $k\to 0$ 时,有 $\delta_0 \approx -kg$,散射截面为

$$Q_0 = \frac{4\pi}{k^2}\sin^2\delta_0 \approx 4\pi g^2 \quad (6.3\text{-}9)$$

解二:

在 s 分波情况下,约化的径向薛定谔方程为

$$\begin{cases} u_0'' + [k^2 - V(r)]u_0 = 0 \\ u_0(0) = 0 \end{cases} \quad (6.3\text{-}10)$$

考虑一般的负幂排斥势 $V = g^2 r^{-n}$,代入方程(6.3-10)后,得到

$$u_0'' + [k^2 - g^2 r^{-n}]u_0 = 0 \quad (6.3\text{-}11)$$

取零能量极限后,上式简化为

$$u_0'' - g^2 r^{-n} u_0 = 0 \quad (6.3\text{-}12)$$

当 $\lambda = n/2 - 1 > 0$ 时,上述方程满足边界条件 $u_0(0) = 0$ 的解为

$$u_0 = C\sqrt{r}\, K_{\frac{1}{2\lambda}}\left(\frac{g}{\lambda r^\lambda}\right) \quad (6.3\text{-}13)$$

其中 $K_\nu(x)$ 为 ν 阶修正的汉克尔函数.

当 $r\to\infty$ 时,$x = g/(\lambda r^\lambda) \to 0$,

$$K_\nu(x) \approx \frac{\pi}{2\sin\nu\pi}\left[\frac{1}{\Gamma(1-\nu)}\left(\frac{x}{2}\right)^{-\nu} - \frac{1}{\Gamma(1+\nu)}\left(\frac{x}{2}\right)^{\nu}\right]$$

由此得到渐近形式

$$u_0 \approx C\sqrt{r}\,\frac{\pi}{2\sin\frac{1}{2\lambda}\pi}\left[\frac{\sqrt{r}}{\Gamma\left(1-\frac{1}{2\lambda}\right)}\left(\frac{g}{2\lambda}\right)^{-\frac{1}{2\lambda}} - \frac{1}{\Gamma\left(1+\frac{1}{2\lambda}\right)\sqrt{r}}\left(\frac{g}{2\lambda}\right)^{\frac{1}{2\lambda}}\right]$$

$$= -C\,\frac{\pi}{2\sin\frac{1}{2\lambda}\pi}\,\frac{1}{\Gamma\left(1+\frac{1}{2\lambda}\right)}\left(\frac{g}{2\lambda}\right)^{\frac{1}{2\lambda}}\left[1 - \frac{\Gamma\left(1+\frac{1}{2\lambda}\right)}{\Gamma\left(1-\frac{1}{2\lambda}\right)}\left(\frac{g}{2\lambda}\right)^{-\frac{1}{\lambda}}r\right]$$

(6.3-14)

直接由约化的径向薛定谔方程得到解的渐近形式为

$$u_0 \propto \sin(kr + \delta_0) = \sin kr \cos \delta_0 + \cos kr \sin \delta_0 \qquad (6.3\text{-}15)$$

再取零能量极限,得到

$$u_0 \propto \sin\delta_0 (1 + \cot\delta_0 \cdot kr) \qquad (6.3\text{-}16)$$

将上面的结果与(6.3-14)式进行比较,得到

$$k\cot\delta_0 = -\frac{\Gamma\left(1+\frac{1}{2\lambda}\right)}{\Gamma\left(1-\frac{1}{2\lambda}\right)}\left(\frac{g}{2\lambda}\right)^{-\frac{1}{\lambda}}$$

即

$$\tan\delta_0 = -\frac{\Gamma\left(1-\frac{1}{2\lambda}\right)}{\Gamma\left(1+\frac{1}{2\lambda}\right)}\left(\frac{g}{2\lambda}\right)^{\frac{1}{\lambda}}k \approx \sin\delta_0 \qquad (6.3\text{-}17)$$

散射截面为

$$Q_0 = \frac{4\pi}{k^2}\sin^2\delta_0 \approx 4\pi\,\frac{\Gamma^2\left(1-\frac{1}{2\lambda}\right)}{\Gamma^2\left(1+\frac{1}{2\lambda}\right)}\left(\frac{g}{2\lambda}\right)^{\frac{2}{\lambda}} \qquad (6.3\text{-}18)$$

当 $n=4$ 时,$\lambda=1$,代入上式后得到

$$Q_0 = 4\pi\,\frac{\Gamma^2\left(\frac{1}{2}\right)}{\Gamma^2\left(\frac{3}{2}\right)}\left(\frac{g}{2}\right)^2 = 4\pi g^2 \qquad (6.3\text{-}19)$$

【物理讨论】

(6.3-18)式说明：慢速粒子对负幂排斥势 $V = g^2 r^{-n}, n > 2$ 散射时，散射截面与入射粒子的能量无关，完全由势场的幂次 n 和系数 g^2 确定.

当势场的幂次 $n \to \infty$ 时，势能成为半径为 1 个单位的刚球势垒，即

$$V = \lim_{n\to\infty} g^2 r^{-n} = \begin{cases} \infty, & r < 1 \\ 0, & r > 1 \end{cases} \tag{6.3-20}$$

在此极限下，$\lambda \to \infty$，散射截面为

$$Q_0 = \lim_{\lambda \to \infty} 4\pi \frac{\Gamma^2\left(1 - \dfrac{1}{2\lambda}\right)}{\Gamma^2\left(1 + \dfrac{1}{2\lambda}\right)} \left(\frac{g}{2\lambda}\right)^{\frac{2}{\lambda}} = 4\pi \tag{6.3-21}$$

与已知的结果完全一致.

6.4 用玻恩近似法求粒子在势能 $U(r) = U_0 e^{-\alpha^2 r^2}$ 的场中散射时的散射截面.

【题意分析】

已知条件：散射势能 $V(r) = V_0 e^{-\alpha^2 r^2}$，其中 $V_0 = 2mU_0/\hbar^2$.

待求问题：散射截面 Q.

相互联系：$Q = 2\pi \int_0^\pi q(\theta) \sin\theta \, d\theta, q(\theta) = |f(\theta)|^2$，其中散射振幅由下式给出

$$f(\theta) = -\frac{1}{K} \int_0^\infty r V(r) \sin Kr \, dr, \quad K = 2k\sin\frac{1}{2}\theta \tag{6.4-1}$$

【求解过程】

解一：

由(6.4-1)式，散射振幅

$$f(\theta) = -\frac{V_0}{K}\int_0^\infty r\sin Kr\, e^{-\alpha^2 r^2} dr = -\frac{V_0}{K}\int_0^\infty r \sum_{n=0}^\infty \frac{(-1)^n (Kr)^{2n+1}}{(2n+1)!} e^{-\alpha^2 r^2} dr$$

$$= -V_0 \sum_{n=0}^\infty \frac{(-1)^n K^{2n}}{(2n+1)!} \int_0^\infty r^{2n+2} e^{-\alpha^2 r^2} dr$$

利用附录 A 中的积分公式，上式可以化为

$$f(\theta) = -V_0 \sum_{n=0}^{\infty} \frac{(-1)^n K^{2n}}{(2n+1)!} \frac{\Gamma\left(n+\frac{3}{2}\right)}{2\alpha^{2n+3}}$$

$$= -\frac{V_0\sqrt{\pi}}{4\alpha^3} \sum_{n=0}^{\infty} \frac{(-1)^n}{n!}\left(\frac{K}{2\alpha}\right)^{2n} = -\frac{V_0\sqrt{\pi}}{4\alpha^3} e^{-\frac{K^2}{4\alpha^2}} \quad (6.4\text{-}2)$$

微分散射截面为

$$q(\theta) = |f(\theta)|^2 = \frac{\pi V_0^2}{4\alpha^6} e^{-\frac{K^2}{2\alpha^2}} = \frac{\pi V_0^2}{16\alpha^6} e^{-\frac{2k^2}{\alpha^2}\sin^2\frac{\theta}{2}} \quad (6.4\text{-}3)$$

散射截面为

$$Q = 2\pi \int_0^\pi q(\theta)\sin\theta d\theta = \frac{\pi^2 V_0^2}{8\alpha^6} \int_0^\pi e^{-\frac{2k^2}{\alpha^2}\sin^2\frac{\theta}{2}} \sin\theta d\theta \quad (6.4\text{-}4)$$

设 $\zeta = \sin^2\frac{1}{2}\theta$，则 $d\zeta = \frac{1}{2}\sin\theta d\theta$，上式化为

$$Q = \frac{\pi^2 V_0^2}{4\alpha^6} \int_0^1 e^{-\frac{2k^2}{\alpha^2}\zeta} d\zeta = \frac{\pi^2 V_0^2}{8\alpha^4 k^2}\left(1 - e^{-\frac{2k^2}{\alpha^2}}\right) \quad (6.4\text{-}5)$$

解二：

利用 Mathematica 命令

```
f = Integrate[ - V0 / K Exp[ - a^2 r^2 ] r Sin[K r],{r,0,Infinity}]
```

得到散射振幅

$$f = -\frac{V_0}{K}\int_0^\infty r\sin Kr\, e^{-\alpha^2 r^2} dr = -\frac{V_0\sqrt{\pi}}{4\alpha^3} e^{-\frac{K^2}{4\alpha^2}} \quad (6.4\text{-}6)$$

再利用 Mathematica 命令

```
q = f^2 /. K - >2 k Sin[θ/2]
```

得到微分散射截面

$$q(\theta) = |f(\theta)|^2 = \frac{\pi V_0^2}{16\alpha^6} e^{-\frac{2k^2}{\alpha^2}\sin^2\frac{\theta}{2}} \quad (6.4\text{-}7)$$

最后利用 Mathematica 命令

```
Q =2 Pi Integrate[q Sin[θ],{θ,0,Pi}]
```

得到散射截面

$$Q = 2\pi \int_0^\pi q\sin\theta \mathrm{d}\theta = \frac{\pi^2 V_0^2}{8\alpha^4 k^2}(1 - e^{-\frac{2k^2}{\alpha^2}}) \tag{6.4-8}$$

【物理讨论】

本题中的散射势场随着矢径的增大而迅速减小,当 $r = \alpha^{-1}$ 时,势能的大小变为 U_0/e. 因此 α^{-1} 可以作为有效力程的估计值,即力程 $a \approx \alpha^{-1}$. 由公式(6-16),立刻得到可以应用玻恩近似法的条件为

$$V_0 \ll \frac{2k}{a} \approx 2k\alpha \tag{6.4-9}$$

满足上述条件时,散射截面公式(6.4-8)成立. 容易看出散射截面 Q 为组合变量 $\xi = 2k^2/\alpha^2$ 的函数,即

$$Q = Q(\xi) = Q_0 \frac{1 - e^{-\xi}}{\xi}, \quad Q_0 = \frac{\pi^2 V_0^2}{4\alpha^6} \tag{6.4-10}$$

由上式容易推出 $Q'(\xi) < 0$,说明散射截面随组合变量 ξ 的增大而单调减小.

6.5 用玻恩近似法求粒子在势能

$$U(r) = \begin{cases} \dfrac{Ze_s^2}{r} - \dfrac{r}{b}, & r < a \\ 0, & r > a \end{cases}$$

的场中散射时的微分散射截面,式中 $b = \dfrac{a^2}{Ze_s^2}$.

【题意分析】

已知条件:散射势能 $V(r) = V_0 \begin{cases} a/r - r/a, & r < a \\ 0, & r > a \end{cases}$,其中 $V_0 = 2mZe_s^2/(\hbar^2 a)$.

待求问题:微分散射截面 $q(\theta)$.

相互联系:$q(\theta) = |f(\theta)|^2$,其中散射振幅 $f(\theta)$ 由(6-15)式给出.

【求解过程】

由公式(6-15),散射振幅

$$f = -\frac{V_0}{K}\int_0^a r\left(\frac{a}{r} - \frac{r}{a}\right)\sin Kr \mathrm{d}r = -\frac{V_0}{Ka}\int_0^a (a^2 - r^2)\sin Kr \mathrm{d}r$$

$$= \frac{V_0(-2 - K^2 a^2 + 2\cos Ka + 2Ka\sin Ka)}{K^4 a} \qquad (6.5\text{-}1)$$

由此得到微分散射截面为

$$q(\theta) = |f(\theta)|^2 = \frac{V_0^2(-2 - K^2 a^2 + 2\cos Ka + 2Ka\sin Ka)^2}{K^8 a^2} \qquad (6.5\text{-}2)$$

其中 $K = 2k\sin\dfrac{1}{2}\theta$.

【物理讨论】

由(6.5-2)式不难发现,当 $K \to 0$ 时,$q(\theta) \to q_0 = V_0^2 a^6/16$. (6.5-2)式可化简为

$$q(\theta) = q_0 \frac{16[-2 - x^2 + 2\cos x + 2x\sin x]^2}{x^8} \qquad (6.5\text{-}3)$$

其中 $x = \xi\sin\dfrac{1}{2}\theta, \xi = 2ka$ 为量纲一的变量.

为了对得到的结果有一个直观的认识,我们以 q_0 为单位,利用 Mathematica 命令

```
q=16(-2-x^2+2 Cos[x]+2 x Sin[x])^2/x^8/.x->ξ Sin[θ/2];
Plot[q,{θ,0.01,Pi}]
```

立刻得到微分散射截面 $q(\theta)$ 随角度 θ 变化的曲线(图6-3、图6-4).

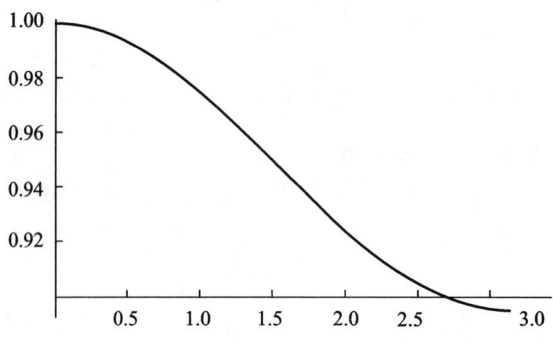

图 6-3 量纲一的参数 $\xi = 1$

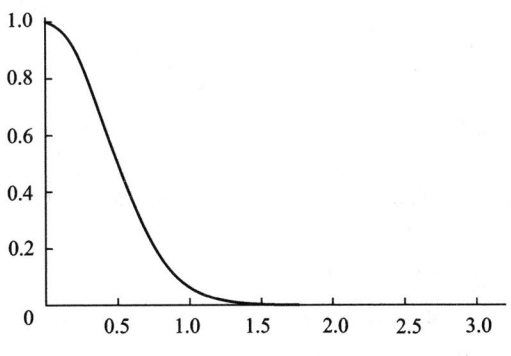

图 6-4　量纲一的参数 $\xi = 10$

由此可见随着散射角的增大,散射截面单调减小;而减小的速度随着量纲一的参数 ξ 的增大而迅速变大.

为了估算所得结果的适用范围,我们考虑势场在整个作用球内的平均能量

$$\overline{V} = \frac{\iiint_{r<a} V(r)\,\mathrm{d}\tau}{\frac{4}{3}\pi a^3} = \frac{4\pi V_0 \int_0^a (a/r - r/a) r^2 \,\mathrm{d}r}{\frac{4}{3}\pi a^3} = \frac{3}{4}V_0 \qquad (6.5\text{-}4)$$

将上述结果代入公式(6-16),立刻得到

$$\frac{3}{4}V_0 \ll \frac{2k}{a}, \quad 即 \quad V_0 \ll \frac{8k}{3a} \qquad (6.5\text{-}5)$$

6.6　用玻恩近似法求在势能 $U(r) = -U_0 \mathrm{e}^{-r/a}$ ($a > 0$)的场中散射时的微分散射截面,并讨论在什么条件下,可以应用玻恩近似法.

【题意分析】

已知条件:散射势能 $V(r) = -V_0 \mathrm{e}^{-r/a}$ ($a > 0$),其中 $V_0 = 2mU_0/\hbar^2$.

待求问题:微分散射截面 $q(\theta)$.

相互联系:$q(\theta) = |f(\theta)|^2$,其中散射振幅由(6-15)式给出.

【求解过程】

由(6-15)式,利用 Mathematica 命令

f = Integrate[V0/K Exp[-r/a] r Sin[K r],{r,0,Infinity}]

得到散射振幅

$$f = \frac{V_0}{K}\int_0^a re^{-r/a}\sin Kr\,dr = \frac{2V_0 a^3}{(1+K^2a^2)^2} \qquad (6.6\text{-}1)$$

由此得到微分散射截面为

$$q(\theta) = |f(\theta)|^2 = \frac{4V_0^2 a^6}{(1+a^2K^2)^4}, \quad K = 2k\sin\frac{1}{2}\theta \qquad (6.6\text{-}2)$$

利用 Mathematica 命令：
q = Simplify[f^2 /. K −>2 k Sin[θ/2]];
Q = 2 Pi Integrate[q Sin[θ],{θ,0,Pi}]
得到散射截面

$$Q = 2\pi\int_0^\pi q\sin\theta\,d\theta = \frac{4\pi a^4 V_0^2}{3k^2}\left[1 - \frac{1}{(1+4k^2a^2)^3}\right] \qquad (6.6\text{-}3)$$

【物理讨论】

与 6.4 题中的物理讨论类似，本题中散射势场的有效力程为 a. 由公式 (6-16)，立刻得到可以应用玻恩近似法的条件为

$$V_0 \ll \frac{2k}{a} \qquad (6.6\text{-}4)$$

由于本题中的散射势场是一个势阱，玻恩近似法的适用条件还可以放宽. 当 $ka \ll 1, E \ll U_0$ 时，只要 $a\sqrt{V_0}$ 不是很接近 $\frac{1}{2}\pi$，也可以使用玻恩近似法.

§6.3 扩展练习

E6.1 粒子受到势能为 $U(r) = \dfrac{\hbar^2 V_0}{2ma}\delta(r-a)$ 的场的散射，求 s 分波和 p 分波的微分散射截面.

【提示】 将势能代入径向方程，得到

$$R_l'' + \frac{2}{r}R_l' + \left[k^2 - \frac{l(l+1)}{r^2} - \frac{V_0}{a}\delta(r-a)\right]R_l = 0 \qquad (\text{E6.1-1})$$

在 $r = a$ 的无穷小邻域 $(a-\varepsilon, a+\varepsilon)$ 内对径向方程积分，得到连接条件

§6.3 扩展练习

$$R_l'(a+0) - R_l'(a-0) = \frac{V_0}{a} R_l(a) \quad \text{(E6.1-2)}$$

在 $r \neq a$ 处，上式为 l 阶球贝塞尔方程，解为球贝塞尔函数 $j_l(kr)$ 和球诺依曼函数 $n_l(kr)$ 的线性组合. 根据 $r=0$ 处的有界性条件和 $r \to \infty$ 处的渐近条件，得到

$$R_l = \begin{cases} A_l j_l(kr), & r < a \\ j_l(kr)\cos\delta_l - n_l(kr)\sin\delta_l, & r > a \end{cases} \quad \text{(E6.1-3)}$$

由波函数的连续性条件和连接条件，可得

$$\frac{j_l'(ka)\cos\delta_l - n_l'(ka)\sin\delta_l}{j_l(ka)\cos\delta_l - n_l(ka)\sin\delta_l} - \frac{j_l'(ka)}{j_l(ka)} = \frac{V_0}{ka} \quad \text{(E6.1-4)}$$

由上式可以计算出相移.

E6.2 粒子受到势能为 $U(r) = \dfrac{A}{r^2}$ 的场的散射，用玻恩近似法求微分散射截面，并与经典力学的结果进行比较.

【提示】 在经典力学中，微分散射截面为

$$q_c(\theta) = \frac{1}{2\pi\sin\theta}\left|\frac{dQ}{d\theta}\right| = \frac{1}{2\pi\sin\theta}\left|\frac{d(\pi\rho^2)}{d\theta}\right| = \frac{\rho}{\sin\theta}\left|\frac{d\rho}{d\theta}\right|$$

$$\text{(E6.2-1)}$$

其中 ρ 为碰撞参数，与偏转角 θ 满足关系

$$\int_{r_0}^{\infty} \frac{\rho\, dr}{r^2\sqrt{1 - Vk^{-2} - \rho^2 r^{-2}}} = \frac{\pi - \theta}{2}, \quad V = \frac{2mU}{\hbar^2} \quad \text{(E6.2-2)}$$

在本题的情况下，得到

$$q_c(\theta) = \frac{B\pi^2}{k^2}\cdot\frac{\pi-\theta}{\theta^2(2\pi-\theta)^2\sin\theta}, \quad B = \frac{2mA}{\hbar^2} \quad \text{(E6.2-3)}$$

而玻恩公式得到的散射幅为

$$f(\theta) = -\frac{\pi mA}{k\hbar^2}\frac{1}{2\sin^2\frac{1}{2}\theta} = -\frac{\pi B}{k}\frac{1}{4\sin^2\frac{1}{2}\theta} \quad \text{(E6.2-4)}$$

E6.3 求高能粒子在势能 $U(r) = -U_0 e^{-r/a}$（$a>0$）的场中散射时，s 分波和 p 分波的相移.

【提示】 习题 6.6 中已经得出了高能粒子在该势场中的散射幅

$$f(\theta) = \frac{2V_0 a^3}{\left(1 + 4k^2 a^2 \sin^2 \frac{1}{2}\theta\right)^2} = \frac{2V_0 a^3}{\left[1 + 2k^2 a^2 (1 - \cos\theta)\right]^2} \quad (E6.3\text{-}1)$$

利用散射幅的展开式 $f(\theta) = \sum_l \frac{1}{k}(2l+1) P_l(\cos\theta) e^{i\delta_l} \sin\delta_l$ 和勒让德多项式的正交性,得到

$$e^{i\delta_l} \sin\delta_l = \frac{1}{2} k \int_0^\pi P_l(\cos\theta) f(\theta) \sin\theta d\theta$$

$$= \int_{-1}^{1} P_l(x) \frac{kV_0 a^3}{\left[1 + 2k^2 a^2(1-x)\right]^2} dx$$

E6.4 在玻恩近似条件下求中心势场散射的相移 δ_l,由此导出玻恩散射公式.

【提示】 无扰动时,径向波函数 $u_l^{(0)}(r) = A_l \sqrt{\frac{1}{2}\pi kr} J_{l+\frac{1}{2}}(kr)$ 满足方程

$$u_l^{(0)\prime\prime} + \left[k^2 - \frac{l(l+1)}{r^2}\right] u_l^{(0)} = 0 \quad (E6.4\text{-}1)$$

具有渐近表达式

$$u_l^{(0)}(r) \xrightarrow{r \to \infty} A_l \sin\left(kr - \frac{1}{2}l\pi\right) \quad (E6.4\text{-}2)$$

扰动后的径向波函数 $u_l(r)$ 满足方程

$$u_l'' + \left[k^2 - \frac{l(l+1)}{r^2} - V(r)\right] u_l = 0 \quad (E6.4\text{-}3)$$

具有渐近形式

$$u_l(r) \xrightarrow{r \to \infty} A_l \sin\left(kr - \frac{1}{2}l\pi + \delta_l\right) \quad (E6.4\text{-}4)$$

将(E6.4-3)式乘无微扰波函数 $u_l^{(0)}$ 后,减去(E6.4-1)式乘微扰波函数 u_l,得到

$$u_l^{(0)} u_l'' - u_l u_l^{(0)\prime\prime} = u_l^{(0)} V(r) u_l$$

即

$$(u_l^{(0)} u_l' - u_l u_l^{(0)\prime})' = u_l^{(0)} V(r) u_l \quad (E6.4\text{-}5)$$

将上式在区间 $[0,r]$ 中积分,并利用边界条件 $u_l^{(0)}(0) = u_l(0) = 0$,得到

$$u_l^{(0)} u_l' - u_l u_l^{(0)'} = \int_0^r u_l^{(0)} V(r) u_l \mathrm{d}r \tag{E6.4-6}$$

在上式中令 $r \to \infty$，并利用波函数的渐近形式，得到

$$-A_l^2 k \sin \delta_l = \int_0^\infty u_l^{(0)} V(r) u_l \mathrm{d}r \tag{E6.4-7}$$

在玻恩近似条件下，$\delta_l \approx 0$，$u_l \approx u_l^{(0)} = A_l \sqrt{\frac{1}{2}\pi k r} \mathrm{J}_{l+\frac{1}{2}}(kr)$，代入上式得到相移

$$-\delta_l = \frac{\pi}{2} \int_0^\infty V(r) r \mathrm{J}_{l+\frac{1}{2}}^2(kr) \mathrm{d}r \tag{E6.4-8}$$

散射振幅为

$$f(\theta) = \sum_l \frac{1}{k} (2l+1) \mathrm{P}_l(\cos\theta) \mathrm{e}^{\mathrm{i}\delta_l} \sin\delta_l$$

$$\approx -\sum_l \frac{1}{k} (2l+1) \mathrm{P}_l(\cos\theta) \int_0^\infty V(r) r \mathrm{J}_{l+\frac{1}{2}}^2(kr) \mathrm{d}r \tag{E6.4-9}$$

$$= -\frac{\pi}{2k} \int_0^\infty V(r) r \sum_l (2l+1) \mathrm{P}_l(\cos\theta) \mathrm{J}_{l+\frac{1}{2}}^2(kr) \mathrm{d}r$$

利用盖根保尔加法公式 $\dfrac{\sin Kr}{Kr} = \dfrac{\pi}{2kr} \sum_l (2l+1) \mathrm{P}_l(\cos\theta) \mathrm{J}_{l+\frac{1}{2}}^2(kr)$，$K = 2k\sin\dfrac{1}{2}\theta$，(E6.4-9) 式可以化为

$$f(\theta) \approx -\int_0^\infty V(r) r \frac{\sin Kr}{K} \mathrm{d}r \tag{E6.4-10}$$

E6.5 考虑中子束对双原子分子 H_2 的散射，中子束沿着 z 轴方向入射，两个氢原子位于 $x = \pm a$ 处，中子与电子无相互作用，中子与氢原子核之间的相互作用为

$$U(\boldsymbol{r}) = -U_0 [\delta(\boldsymbol{r} - a\boldsymbol{i}) + \delta(\boldsymbol{r} + a\boldsymbol{i})]$$

试用玻恩近似法计算微分散射截面。

【提示】 本题的势能非球对称，需要应用散射幅的一般公式 (6-14)

$$f(\theta, \varphi) = -\frac{1}{4\pi} \iiint \mathrm{e}^{-\mathrm{i}\boldsymbol{K} \cdot \boldsymbol{r}'} V(\boldsymbol{r}') \mathrm{d}\tau' \tag{E6.5-1}$$

其中 $K = |\mathbf{k}' - \mathbf{k}| = 2k\sin\dfrac{1}{2}\theta$. 将 $U(\mathbf{r}) = -U_0[\delta(\mathbf{r}-a\mathbf{i}) + \delta(\mathbf{r}+a\mathbf{i})]$, $V_0 = 2mU_0/\hbar^2$ 代入上式,得到

$$f(\theta,\varphi) = \frac{V_0}{2\pi}\cos(ka\sin\theta\cos\varphi) \qquad (\text{E6.5-2})$$

第七章 自旋与全同粒子

§7.1 学习指导

本章的目的是将量子力学基本理论向两个方面扩展,一是将电子自旋纳入量子力学理论体系,并讨论与其相关的问题;二是由单粒子量子力学扩展到多粒子体系,建立起完整的非相对论量子力学的理论体系.

根据光谱的精细结构和施特恩－格拉赫等实验,人们发现电子还具有的一种无经典对应的新的运动自由度.通过对实验事实的分析,人们提出了电子自旋的假设,引入了自旋角动量,并进一步扩展成包括空间运动和自旋运动在内的完整的状态描述和力学量的算符表示,并将薛定谔方程扩展到包含自旋的情况,建立起非相对论的含自旋的运动方程.

真实的物理系统是多个微观粒子共存的,与经典力学不同,量子化的全同粒子具有不可分辨性,全同粒子体系的微观状态只能是对称的(对应于玻色子)或者反对称的(对应于费米子).因此,还需要将单粒子非相对论量子力学扩展到全同粒子系统.

本章的主要知识点有

1. 电子自旋

(1) 泡利算符

泡利算符是描写电子自旋运动力学量的矢量厄米算符,定义为

$$\hat{\boldsymbol{\sigma}} = \hat{\sigma}_x \boldsymbol{i} + \hat{\sigma}_y \boldsymbol{j} + \hat{\sigma}_z \boldsymbol{k} \tag{7-1}$$

其分量 $\hat{\sigma}_x, \hat{\sigma}_y, \hat{\sigma}_z$ 满足下列对易关系和反对易关系

$$[\sigma_i, \sigma_j] = 2\mathrm{i}\varepsilon_{ijk}\sigma_k, \quad \{\sigma_i, \sigma_j\} = 2\delta_{ij} \tag{7-2}$$

由此可以推出

$$\sigma_i \sigma_j = \mathrm{i}\varepsilon_{ijk}\sigma_k + \delta_{ij} \tag{7-3}$$

由于 $\hat{\sigma}_z^2 = 1$,因此 $\hat{\sigma}_z$ 的本征值为 ± 1,对应的本征态记为 $\chi_{\pm}(\sigma_z)$.取 $\chi_{\pm}$ 为基矢,建立 σ_z 表象,可以得到泡利算符的矩阵表示,即泡利矩阵

$$\hat{\sigma}_x = \begin{pmatrix} 0 & 1 \\ 1 & 0 \end{pmatrix}, \quad \hat{\sigma}_y = \begin{pmatrix} 0 & -\mathrm{i} \\ \mathrm{i} & 0 \end{pmatrix}, \quad \hat{\sigma}_z = \begin{pmatrix} 1 & 0 \\ 0 & -1 \end{pmatrix} \tag{7-4}$$

(2) 电子自旋角动量

借助泡利算符,电子自旋角动量 S 可以表示为

$$\hat{S} = \hat{S}_x \boldsymbol{i} + \hat{S}_y \boldsymbol{j} + \hat{S}_z \boldsymbol{k} = \frac{1}{2}\hbar \hat{\boldsymbol{\sigma}} \tag{7-5}$$

自旋角动量 S 满足对易关系 $\hat{S} \times \hat{S} = i\hbar \hat{S}$,自旋角动量平方为 $\hat{S}^2 = \frac{3}{4}\hbar^2$,自旋角量子数为 $s = \frac{1}{2}$;自旋在 z 轴方向的投影为 $\hat{S}_z$,本征值为 $m_s\hbar$,其中 $m_s = \pm\frac{1}{2}$ 称为自旋磁量子数,对应的本征函数为 $\chi_{\pm\frac{1}{2}}(s_z) = \chi_{\pm}(\sigma_z)$.

(3) 电子自旋状态

在 S_z 表象,即 σ_z 表象中,电子自旋状态可以表示为 $\chi(s_z) = (c_1, c_2)^T$,其中 c_1, c_2 分别为电子自旋 z 分量 s_z 取值为 $\pm\frac{1}{2}\hbar$ 的概率幅. 不含空间部分时,归一化条件为 $\chi^\dagger(s_z)\chi(s_z) = |c_1|^2 + |c_2|^2 = 1$;含空间部分时,$\chi^\dagger(\boldsymbol{r},s_z)\chi(\boldsymbol{r},s_z) = w(\boldsymbol{r})$ 为概率密度,归一化条件为

$$\int \chi^\dagger(\boldsymbol{r},s_z)\chi(\boldsymbol{r},s_z)\mathrm{d}\tau = 1 \tag{7-6}$$

(4) 有关力学量

在 S_z 表象中,力学量取矩阵算符形式. 例如,电子的自旋磁矩为 $\boldsymbol{M} = -\frac{e\hbar}{2m}\hat{\boldsymbol{\sigma}}$,在外磁场中的能量为

$$U' = -\boldsymbol{M} \cdot \boldsymbol{B} = \frac{e\hbar}{2m}\hat{\boldsymbol{\sigma}} \cdot \boldsymbol{B} = \frac{e\hbar}{2m}\begin{pmatrix} B_z & B_x - iB_y \\ B_x + iB_y & -B_z \end{pmatrix} \tag{7-7}$$

不含空间部分时,在 χ 态中力学量 F 的期望值为 $\overline{F} = \chi^\dagger F \chi$;如果含空间部分,则期望值为

$$\overline{F} = \int \chi^\dagger F \chi \mathrm{d}\tau \tag{7-8}$$

(5) 自旋状态的演化

在电磁场中,电子的波函数为 $\boldsymbol{\Psi}(\boldsymbol{r},s_z,t) = (\psi_+(\boldsymbol{r},t), \psi_-(\boldsymbol{r},t))^T$,随时间的演化仍然由薛定谔方程

$$i\hbar \frac{\partial}{\partial t} \boldsymbol{\Psi}(\boldsymbol{r},s_z,t) = \hat{H}\boldsymbol{\Psi}(\boldsymbol{r},s_z,t) \tag{7-9}$$

决定,但是哈密顿算符要修正为

$$\hat{H} = \frac{1}{2m}(\hat{\boldsymbol{p}} + e\boldsymbol{A})^2 - e\phi + U' \tag{7-10}$$

其中 $\boldsymbol{A}$ 为电磁场的矢势，ϕ 为标势．概率流密度要修正为

$$\boldsymbol{J} = \frac{i\hbar}{2m}[(\boldsymbol{\nabla}\Psi^\dagger)\Psi - \Psi^\dagger\boldsymbol{\nabla}\Psi] + \frac{e}{mc}\boldsymbol{A}\Psi^\dagger\Psi \tag{7-11}$$

2. 角动量耦合

（1）角动量的一般性质

量子力学中的角动量算符 $\hat{\boldsymbol{J}}$ 满足对易关系

$$\hat{\boldsymbol{J}} \times \hat{\boldsymbol{J}} = i\hbar\hat{\boldsymbol{J}} \quad \text{或} \quad [\hat{J}_i, \hat{J}_j] = i\hbar\sum_k \varepsilon_{ijk}\hat{J}_k \tag{7-12}$$

角动量平方 $\hat{J}^2$ 与角动量的 z 分量 $\hat{J}_z$ 对易，有共同本征函数 $|j,m\rangle$，满足关系

$$\begin{cases} \hat{J}^2|j,m\rangle = j(j+1)\hbar^2|j,m\rangle \\ \hat{J}_z|j,m\rangle = m\hbar|j,m\rangle \end{cases} \tag{7-13}$$

其中角量子数 j 为正整数或半正整数，磁量子数 $m = -j, \cdots, j-1, j$ 共 $2j+1$ 个取值．

（2）自旋轨道耦合

设电子的总角动量 $\boldsymbol{J} = \boldsymbol{L} + \boldsymbol{S}$，则 $\hat{J}^2, \hat{L}^2$ 和 $\hat{J}_z$ 组成完全集，有共同本征函数 $\psi_{ljm_j}(\theta, \varphi, s_z)$，满足关系

$$\begin{cases} \hat{J}^2\psi_{ljm_j} = j(j+1)\hbar^2\psi_{ljm_j}, & j = l - \frac{1}{2}, l + \frac{1}{2} \\ \hat{L}^2\psi_{ljm_j} = l(l+1)\hbar^2\psi_{ljm_j}, & l \in \mathbf{N} \\ \hat{J}_z\psi_{ljm_j} = m_j\hbar\psi_{ljm_j}, & m_j = -j, \cdots, j-1, j \end{cases} \tag{7-14}$$

以 ψ_{ljm_j} 为基底时，自旋轨道耦合项 $\boldsymbol{L}\cdot\boldsymbol{S} = \frac{1}{2}(\hat{J}^2 - \hat{L}^2 - \hat{S}^2)$ 有确定值，因而称为自旋轨道耦合表象．

而 $\hat{L}^2, \hat{L}_z$ 和 $\hat{S}_z$ 也组成完全集，有共同本征函数 $\mathrm{Y}_{lm}(\theta, \varphi)\chi_{m_s}(s_z)$，满足关系

$$\begin{cases} \hat{L}^2\mathrm{Y}_{lm}\chi_{m_s} = l(l+1)\hbar^2\mathrm{Y}_{lm}\chi_{m_s} \\ \hat{L}_z\mathrm{Y}_{lm}\chi_{m_s} = m_l\hbar\mathrm{Y}_{lm}\chi_{m_s} \\ \hat{S}_z\mathrm{Y}_{lm}\chi_{m_s} = m_s\hbar\mathrm{Y}_{lm}\chi_{m_s} \end{cases} \tag{7-15}$$

以 $Y_{lm}(\theta,\varphi)\chi_{m_s}(s_z)$ 为基底时,称为无耦合表象. 两种表象的变换关系为

$$\begin{cases} \psi_{l,j=l+\frac{1}{2},m_j} = \sqrt{\dfrac{j+m_j}{2j}}Y_{l,m_j-\frac{1}{2}}\chi_{\frac{1}{2}} + \sqrt{\dfrac{j-m_j}{2j}}Y_{l,m_j+\frac{1}{2}}\chi_{-\frac{1}{2}} = \dfrac{1}{\sqrt{2j}}\begin{pmatrix}\sqrt{j+m_j}Y_{l,m_j-\frac{1}{2}}\\ \sqrt{j-m_j}Y_{l,m_j+\frac{1}{2}}\end{pmatrix} \\ \psi_{l,j=l-\frac{1}{2},m_j} = -\sqrt{\dfrac{j-m_j+1}{2j+2}}Y_{l,m_j-\frac{1}{2}}\chi_{\frac{1}{2}} + \sqrt{\dfrac{j+m_j+1}{2j+2}}Y_{l,m_j+\frac{1}{2}}\chi_{-\frac{1}{2}} \\ \qquad = \dfrac{1}{\sqrt{2j+2}}\begin{pmatrix}-\sqrt{j-m_j+1}Y_{l,m_j-\frac{1}{2}}\\ \sqrt{j+m_j+1}Y_{l,m_j+\frac{1}{2}}\end{pmatrix} \end{cases} \tag{7-16}$$

逆变换关系为

$$\begin{cases} Y_{lm}\chi_{\frac{1}{2}} = \sqrt{\dfrac{l+m+1}{2l+1}}\psi_{l,l+\frac{1}{2},m+\frac{1}{2}} - \sqrt{\dfrac{l-m}{2l+1}}\psi_{l,l-\frac{1}{2},m+\frac{1}{2}} \\ Y_{lm}\chi_{-\frac{1}{2}} = \sqrt{\dfrac{l-m+1}{2l+1}}\psi_{l,l+\frac{1}{2},m-\frac{1}{2}} + \sqrt{\dfrac{l+m}{2l+1}}\psi_{l,l-\frac{1}{2},m-\frac{1}{2}} \end{cases} \tag{7-17}$$

(3) 自旋自旋耦合

设两个电子的总角动量 $\boldsymbol{S} = \boldsymbol{S}_1 + \boldsymbol{S}_2$,则 $\hat{S}^2$ 和 $\hat{S}_z$ 组成完全集,有共同本征函数 $\chi_{S,M}$,满足关系

$$\begin{cases} \hat{S}^2\chi_{S,M} = s(s+1)\hbar^2\chi_{S,M}, & s = 0,1 \\ \hat{S}_z\chi_{S,M} = m\hbar\chi_{S,M}, & m = -s,\cdots,s \end{cases} \tag{7-18}$$

以 $\chi_{S,M}$ 为基底时,自旋耦合项 $\boldsymbol{S}_1\cdot\boldsymbol{S}_2 = \dfrac{1}{2}(\hat{S}^2 - \hat{S}_1^2 - \hat{S}_2^2)$ 有确定值,因而称为自旋耦合表象.

而 $\hat{S}_{1z}$ 和 $\hat{S}_{2z}$ 也组成完全集,有共同本征函数 $\chi_{m_1}(s_{1z})\chi_{m_2}(s_{2z})$,满足关系

$$\begin{cases} \hat{S}_{1z}\chi_{m_1}(s_{1z})\chi_{m_2}(s_{2z}) = m_1\hbar\chi_{m_1}(s_{1z})\chi_{m_2}(s_{2z}), & m_1 = \pm\dfrac{1}{2} \\ \hat{S}_{2z}\chi_{m_1}(s_{1z})\chi_{m_2}(s_{2z}) = m_2\hbar\chi_{m_1}(s_{1z})\chi_{m_2}(s_{2z}), & m_2 = \pm\dfrac{1}{2} \end{cases} \tag{7-19}$$

以 $\chi_{m_1}(s_{1z})\chi_{m_2}(s_{2z})$ 为基底时,称为无耦合表象. 两种表象的关系为

$$\begin{cases} \chi_{1,1} = x_S^{(1)} = \chi_{\frac{1}{2}}(s_{1z})\chi_{\frac{1}{2}}(s_{2z}) \\ \chi_{1,-1} = x_S^{(2)} = \chi_{-\frac{1}{2}}(s_{1z})\chi_{-\frac{1}{2}}(s_{2z}) \\ \chi_{1,0} = x_S^{(3)} = \frac{1}{\sqrt{2}}[\chi_{\frac{1}{2}}(s_{1z})\chi_{-\frac{1}{2}}(s_{2z}) + \chi_{\frac{1}{2}}(s_{2z})\chi_{-\frac{1}{2}}(s_{1z})] \\ \chi_{0,0} = x_A = \frac{1}{\sqrt{2}}[\chi_{\frac{1}{2}}(s_{1z})\chi_{-\frac{1}{2}}(s_{2z}) - \chi_{\frac{1}{2}}(s_{2z})\chi_{-\frac{1}{2}}(s_{1z})] \end{cases} \quad (7\text{-}20)$$

其中前 3 个为交换对称态,后 1 个为反对称态.

3. 全同粒子体系

(1) 全同性原理

全同粒子具有不可分辨性,描述全同粒子体系的哈密顿对于任意两个粒子的交换都是对称的,而体系的波函数 Ψ 对于任意两粒子交换必须是对称的或反对称的. 设 $\hat{P}_{ij}$ 为两个粒子的交换算符,即 $\hat{P}_{ij}\Psi(\cdots,q_i,\cdots,q_j,\cdots) = \Psi(\cdots,q_j,\cdots,q_i,\cdots)$,则对称波函数 Ψ_S 满足条件 $\hat{P}_{ij}\Psi_S = \Psi_S$,描述玻色子系;反对称波函数 Ψ_A 满足条件 $\hat{P}_{ij}\Psi_A = -\Psi_A$,描述费米子系.

(2) 独立全同粒子系统

N 个独立全同粒子组成的体系,其哈密顿算符为各个单粒子哈密顿 $\hat{H}_0$ 之和,即

$$\hat{H} = \sum_{i=1}^{N} \hat{H}_0(q_i) \quad (7\text{-}21)$$

各单粒子哈密顿 $\hat{H}_0$ 具有完全相同的形式,单粒子能量和本征态满足单粒子定态薛定谔方程

$$\hat{H}_0(q)\psi_i(q) = \varepsilon_i \psi_i(q) \quad (7\text{-}22)$$

体系的定态薛定谔方程是:

$$\hat{H}\Psi(q_1,q_2\cdots,q_N) = E\Psi(q_1,q_2,\cdots,q_N) \quad (7\text{-}23)$$

体系的能量为各个单粒子能量之和,即

$$E = \sum_{i=1}^{N} \varepsilon_i \quad (7\text{-}24)$$

对玻色子体系,波函数 Ψ_S 可以由单粒子本征函数 $\psi_i(q)$ 按下式构造

$$\Psi_S = A \sum_{P} \hat{P}[\psi_i(q_1)\psi_j(q_2)\cdots\psi_k(q_N)] \quad (7\text{-}25)$$

其中 A 为归一化因子. 对费米子体系,波函数 Ψ_A 反对称,由单粒子本征函数 $\psi_i(q)$ 按斯莱特行列式构造

$$\Psi_A = \frac{1}{\sqrt{N!}} \begin{vmatrix} \psi_i(q_1) & \psi_i(q_2) & \cdots & \psi_i(q_N) \\ \psi_j(q_1) & \psi_j(q_2) & \cdots & \psi_j(q_N) \\ \vdots & \vdots & & \vdots \\ \psi_k(q_1) & \psi_k(q_2) & \cdots & \psi_k(q_N) \end{vmatrix} \tag{7-26}$$

(3) 泡利不相容原理

按照(7-26)式,显然不能有两个或两个以上的全同费米子处于同一单粒子态,否则对应的斯莱特行列式为 0. 泡利不相容原理是全同性原理在费米子系统中的推论.

§7.2 习题分析与求解

7.1 证明 $\hat{\sigma}_x \hat{\sigma}_y \hat{\sigma}_z = \mathrm{i}$.

【题意分析】

已知条件:在 σ_z 表象中,泡利算符的矩阵形式如(7-4)式,具有性质(7-3)式.

待证问题:$\hat{\sigma}_x \hat{\sigma}_y \hat{\sigma}_z = \mathrm{i}$.

【求证过程】

证一:

直接利用在 σ_z 表象中泡利算符的矩阵形式,得到

$$\hat{\sigma}_x \hat{\sigma}_y \hat{\sigma}_z = \begin{pmatrix} 0 & 1 \\ 1 & 0 \end{pmatrix} \begin{pmatrix} 0 & -\mathrm{i} \\ \mathrm{i} & 0 \end{pmatrix} \begin{pmatrix} 1 & 0 \\ 0 & -1 \end{pmatrix} = \begin{pmatrix} \mathrm{i} & 0 \\ 0 & -\mathrm{i} \end{pmatrix} \begin{pmatrix} 1 & 0 \\ 0 & -1 \end{pmatrix} = \mathrm{i} \begin{pmatrix} 1 & 0 \\ 0 & 1 \end{pmatrix} \tag{7.1-1}$$

证二:

由性质(7-3)式,得到

$$\hat{\sigma}_x \hat{\sigma}_y = \mathrm{i} \hat{\sigma}_z \tag{7.1-2}$$

两边同时右乘 $\hat{\sigma}_z$,得

$$\hat{\sigma}_x \hat{\sigma}_y \hat{\sigma}_z = \mathrm{i} \hat{\sigma}_z^2 = \mathrm{i}. \tag{7.1-3}$$

【物理讨论】

借助泡利矩阵来处理有关电子自旋的问题比较简单,在一般情况下是否都可以这么做? 答案是肯定的. 与电子自旋有关的力学量算符 F 都可以表示为 2×2 矩阵,因为矩阵集合 $\{\sigma_\mu, \mu=0,1,2,3 | \sigma_0 = 1, \sigma_1 = \sigma_x, \sigma_2 = \sigma_y, \sigma_3 = \sigma_z\}$ 具有完备性,可以将力学量算符 F 可以展开为

$$F = \sum_{\mu=0}^{3} F_\mu \sigma_\mu, \quad F_\mu = \frac{1}{2}\text{tr}(\sigma_\mu F) \tag{7.1-4}$$

其中利用了正交性关系 $\text{tr}(\sigma_\mu \sigma_\nu) = 2\delta_{\mu\nu}, \mu, \nu = 0, 1, 2, 3.$

7.2 求在自旋态 $\chi_{\frac{1}{2}}(s_z)$ 中, $\hat{S}_x$ 和 $\hat{S}_y$ 的不确定关系 $\overline{(\Delta S_x)^2} \cdot \overline{(\Delta S_y)^2} = ?$

【题意分析】

已知条件: $\hat{S}_x = \frac{1}{2}\hbar\hat{\sigma}_x, \hat{S}_y = \frac{1}{2}\hbar\hat{\sigma}_y, \hat{S}_z = \frac{1}{2}\hbar\hat{\sigma}_z, \sigma_z \chi_{\frac{1}{2}}(s_z) = \chi_{\frac{1}{2}}(s_z).$

待求问题: $\overline{(\Delta S_x)^2}$ 和 $\overline{(\Delta S_y)^2}$.

相互联系: $\overline{O} = \chi_{\frac{1}{2}}^\dagger \hat{O} \chi_{\frac{1}{2}}, \overline{(\Delta O)^2} = \overline{O^2} - \overline{O}^2.$

【求解过程】

在 σ_z 表象中

$$\hat{S}_x = \frac{1}{2}\hbar\begin{pmatrix} 0 & 1 \\ 1 & 0 \end{pmatrix}, \quad \hat{S}_y = \frac{1}{2}\hbar\begin{pmatrix} 0 & -i \\ i & 0 \end{pmatrix}, \quad \chi_{\frac{1}{2}}(s_z) = \begin{pmatrix} 1 \\ 0 \end{pmatrix} \tag{7.2-1}$$

因此有

$$\overline{S_x} = \chi_{\frac{1}{2}}^\dagger S_x \chi_{\frac{1}{2}} = (1,0)\frac{\hbar}{2}\begin{pmatrix} 0 & 1 \\ 1 & 0 \end{pmatrix}\begin{pmatrix} 1 \\ 0 \end{pmatrix} = 0, \quad \overline{S_x^2} = \frac{1}{4}\hbar^2 \tag{7.2-2}$$

于是

$$\overline{(\Delta S_x)^2} = \overline{S_x^2} - \overline{S_x}^2 = \frac{1}{4}\hbar^2 \tag{7.2-3}$$

同理可得

$$\overline{(\Delta S_y)^2} = \frac{1}{4}\hbar^2 \tag{7.2-4}$$

于是有

$$\overline{(\Delta S_x)^2} \cdot \overline{(\Delta S_y)^2} = \frac{1}{16}\hbar^4 \tag{7.2-5}$$

【物理讨论】

由于 $[\hat{S}_x, \hat{S}_y] = i\hbar \hat{S}_z$，按照不确定关系，在任何状态下都有

$$\overline{(\Delta S_x)^2}\ \overline{(\Delta S_y)^2} \geq \frac{1}{4} |[\hat{S}_x, \hat{S}_y]|^2 = \frac{\hbar^2 \overline{S_z}^2}{4}$$

在 $\chi_{\frac{1}{2}}(S_z)$ 态中，$\overline{S_z} = \chi_{\frac{1}{2}}^\dagger S_z \chi_{\frac{1}{2}} = (1, 0) \dfrac{\hbar}{2} \begin{pmatrix} 1 & 0 \\ 0 & 1 \end{pmatrix} \begin{pmatrix} 1 \\ 0 \end{pmatrix} = \dfrac{\hbar}{2}$. 因此有

$$\overline{(\Delta S_x)^2}\ \overline{(\Delta S_y)^2} = \frac{1}{4}\hbar^2 \overline{S_z}^2$$

恰好达到了不确定关系允许的最小值，或者说 $\chi_{\frac{1}{2}}(S_z)$ 态是算符 $\hat{S}_x$ 和 $\hat{S}_y$ 的最小不确定状态.

7.3 求电子自旋角动量算符 $\hat{S}_x = \dfrac{\hbar}{2}\begin{pmatrix} 0 & 1 \\ 1 & 0 \end{pmatrix}$ 及 $\hat{S}_y = \dfrac{\hbar}{2}\begin{pmatrix} 0 & -i \\ i & 0 \end{pmatrix}$ 的本征值和所属的本征函数.

【题意分析】

已知条件：$\hat{S}_x = \dfrac{1}{2}\hbar\hat{\sigma}_x, \hat{S}_y = \dfrac{1}{2}\hbar\hat{\sigma}_y$ 在 S_z 表象中的形式.

待求问题：算符 $\hat{S}_x$ 和 $\hat{S}_y$ 的本征值和对应的本征函数.

相互联系：算符 $\hat{O}$ 的本征值 λ 与对应的本征函数 ψ 满足本征方程 $\hat{O}\psi = \lambda\psi$.

【求解过程】

解一：

设 $\hat{S}_x$ 的本征值为 $\eta = \dfrac{\hbar}{2}\lambda$，对应的本征函数为 $\psi = \begin{pmatrix} c_1 \\ c_2 \end{pmatrix}$，代入本征方程得到

$$\frac{\hbar}{2}\begin{pmatrix} 0 & 1 \\ 1 & 0 \end{pmatrix}\begin{pmatrix} c_1 \\ c_2 \end{pmatrix} = \frac{\hbar}{2}\lambda\begin{pmatrix} c_1 \\ c_2 \end{pmatrix} \tag{7.3-1}$$

对应的久期方程为

$$\begin{vmatrix} -\lambda & 1 \\ 1 & -\lambda \end{vmatrix} = \lambda^2 - 1 = 0 \tag{7.3-2}$$

得到 $\lambda = \pm 1$,即 S_x 的本征值为 $\eta = \pm \frac{1}{2}\hbar$. (7.3-3)

将 $\lambda = 1$ 代入方程(7.3-1),可得 $c_1 = c_2$,于是有

$$\psi_+ = \begin{pmatrix} c_1 \\ c_2 \end{pmatrix} = c_2 \begin{pmatrix} 1 \\ 1 \end{pmatrix} \tag{7.3-4}$$

由归一化条件 $1 = \psi_+^\dagger \psi_+ = |c_1|^2 + |c_2|^2 = 2|c_2|^2$,得到 $c_2 = 1/\sqrt{2}$.

将 $\lambda = -1$ 代入方程(7.3-1),解出对应的本征态为

$$\psi_- = \frac{\sqrt{2}}{2} \begin{pmatrix} -1 \\ 1 \end{pmatrix} \tag{7.3-5}$$

同样地,可以求出 $\hat{S}_y$ 的本征值为 $\pm \frac{1}{2}\hbar$,对应的本征态分别为

$$\chi_{\pm\frac{1}{2}}(s_y) = \frac{1}{\sqrt{2}} \begin{pmatrix} 1 \\ \pm i \end{pmatrix} \tag{7.3-6}$$

解二:

利用扩展练习题 E7.2 中的结果 $e^{-i\xi\sigma_y}\sigma_z e^{i\xi\sigma_y} = \sigma_z\cos 2\xi + \sigma_x\sin 2\xi$,取参数 $\xi = \frac{1}{4}\pi$,得到 $e^{-i\frac{1}{4}\pi\sigma_y}\sigma_z e^{i\frac{1}{4}\pi\sigma_y} = \sigma_x$. 将转动变换算符 $e^{-i\frac{1}{4}\pi\sigma_y}$ 作用到 σ_z 的本征方程 $\sigma_z \chi_\pm(s_z) = \pm \chi_\pm(s_z)$ 上,得到

$$e^{-i\frac{1}{4}\pi\sigma_y}\sigma_z \chi_\pm(s_z) = e^{-i\frac{1}{4}\pi\sigma_y}\sigma_z e^{i\frac{1}{4}\pi\sigma_y} e^{-i\frac{1}{4}\pi\sigma_y} \chi_\pm(s_z) = \sigma_x e^{-i\frac{1}{4}\pi\sigma_y} \chi_\pm(s_z)$$
$$= \pm e^{-i\frac{1}{4}\pi\sigma_y} \chi_\pm(s_z) \tag{7.3-7}$$

上式说明 $e^{-i\frac{1}{4}\pi\sigma_y}\chi_\pm(s_z)$ 为 σ_x 的本征态,对应的本征值为 ± 1,即

$$\chi_\pm(s_x) = e^{-i\frac{1}{4}\pi\sigma_y} \chi_\pm(s_z) \tag{7.3-8}$$

由于 $\hat{S}_x = \frac{1}{2}\hbar\hat{\sigma}_x$,因此 $\chi_\pm(s_x)$ 也是 $\hat{S}_x$ 的本征态,对应的本征值为 $\pm\frac{1}{2}\hbar$.

(7.3-8)式又可以化成 $\chi_\pm(s_x) = (\cos\frac{1}{4}\pi - i\sigma_y\sin\frac{1}{4}\pi)\chi_\pm(s_z)$,取 S_z 表象,得到

$$\chi_+(s_x) = \frac{1}{\sqrt{2}}\left[\begin{pmatrix} 1 & 0 \\ 0 & 1 \end{pmatrix} - i\begin{pmatrix} 0 & -i \\ i & 0 \end{pmatrix}\right]\begin{pmatrix} 1 \\ 0 \end{pmatrix} = \frac{1}{\sqrt{2}}\begin{pmatrix} 1 & -1 \\ 1 & 1 \end{pmatrix}\begin{pmatrix} 1 \\ 0 \end{pmatrix} = \frac{1}{\sqrt{2}}\begin{pmatrix} 1 \\ 1 \end{pmatrix}$$

(7.3-9)

同理可得

$$\chi_-(s_x) = \frac{1}{\sqrt{2}}\begin{pmatrix} 1 & -1 \\ 1 & 1 \end{pmatrix}\begin{pmatrix} 0 \\ 1 \end{pmatrix} = \frac{1}{\sqrt{2}}\begin{pmatrix} -1 \\ 1 \end{pmatrix} \quad (7.3\text{-}10)$$

同样地，利用算符关系 $e^{-i\xi\sigma_x}\sigma_z e^{i\xi\sigma_x} = \sigma_z\cos 2\xi - \sigma_y\sin 2\xi$，可以求出 $\hat{S}_y$ 的本征值对应的本征态．

【物理讨论】

设 n 为单位矢量，泡利算符在该方向的投影平方 $\sigma_n^2 = (\boldsymbol{\sigma}\cdot\boldsymbol{n})^2 = 1$，因此 σ_n 的本征值为 ± 1．相应地，S_n 的本征值为 $\pm\frac{1}{2}\hbar$，这个结果是普遍正确的．

7.4 求自旋角动量在 $(\cos\alpha, \cos\beta, \cos\gamma)$ 方向的投影

$$\hat{S}_n = \hat{S}_x\cos\alpha + \hat{S}_y\cos\beta + \hat{S}_z\cos\gamma$$

的本征值和所属的本征函数．

在这些本征态中，测量 $\hat{S}_z$ 有哪些可能值？这些可能值各以多大的概率出现？$\hat{S}_z$ 的期望值是多少？

【题意分析】

已知条件：自旋角动量的矩阵形式

$$\hat{S}_n = \frac{\hbar}{2}(\sigma_x\cos\alpha + \sigma_y\cos\beta + \sigma_z\cos\gamma) = \begin{pmatrix} \cos\gamma & \cos\alpha - i\cos\beta \\ \cos\alpha + i\cos\beta & -\cos\gamma \end{pmatrix}$$

待求问题：$\hat{S}_n$ 的本征值 η 和对应的本征函数 ψ．

相互联系：本征方程 $\hat{S}_n\psi = \eta\psi$．

【求解过程】

解一：

设 $\hat{S}_n$ 的本征值为 $\eta = \frac{\hbar}{2}\lambda$，对应的本征函数为 $\psi = \begin{pmatrix} c_1 \\ c_2 \end{pmatrix}$，代入本征方程得到

§7.2 习题分析与求解

$$\frac{\hbar}{2}\begin{pmatrix} \cos\gamma & \cos\alpha - i\cos\beta \\ \cos\alpha + i\cos\beta & -\cos\gamma \end{pmatrix}\begin{pmatrix} c_1 \\ c_2 \end{pmatrix} = \frac{\hbar}{2}\lambda\begin{pmatrix} c_1 \\ c_2 \end{pmatrix} \quad (7.4\text{-}1)$$

对应的久期方程为

$$\begin{vmatrix} \cos\gamma - \lambda & \cos\alpha - i\cos\beta \\ \cos\alpha + i\cos\beta & -\cos\gamma - \lambda \end{vmatrix} = \lambda^2 - 1 = 0 \quad (7.4\text{-}2)$$

其中利用了方向余弦的关系 $\cos^2\alpha + \cos^2\beta + \cos^2\gamma = 1$. 容易求出

$$\lambda = \pm 1, \quad 即 \quad S_n = \pm\frac{1}{2}\hbar \quad (7.4\text{-}3)$$

将 $\lambda = 1$ 代入方程(7.4-1), 可得

$$c_1 = \frac{\cos\alpha - i\cos\beta}{1 - \cos\gamma}c_2$$

于是有

$$\psi_+ = \begin{pmatrix} c_1 \\ c_2 \end{pmatrix} = c_2\begin{pmatrix} \dfrac{\cos\alpha - i\cos\beta}{1 - \cos\gamma} \\ 1 \end{pmatrix} \quad (7.4\text{-}4)$$

归一化条件为

$$1 = |c_1|^2 + |c_2|^2 = |c_2|^2\left[1 + \frac{\cos^2\alpha + \cos^2\beta}{(1-\cos\gamma)^2}\right] = \frac{2|c_2|^2}{1 - \cos\gamma} \quad (7.4\text{-}5)$$

由此得到 $c_2 = \sin\dfrac{1}{2}\gamma$.

同理可得与 $\lambda = -1$ 对应的本征矢为

$$\psi_- = \cos\frac{1}{2}\gamma\begin{pmatrix} -\dfrac{\cos\alpha - i\cos\beta}{1 + \cos\gamma} \\ 1 \end{pmatrix} \quad (7.4\text{-}6)$$

考虑到 $\hat{S}_z$ 表象中, 状态 $(c_1, c_2)^T = c_1\chi_{\frac{1}{2}}(s_z) + c_2\chi_{-\frac{1}{2}}(s_z)$, 系数 c_1, c_2 为 $S_z = \pm\dfrac{1}{2}\hbar$ 的概率幅. 因此在本征态 $\psi_\pm$ 中, 测量 $\hat{S}_z$ 的可能值、相应的概率以及 $\hat{S}_z$ 的期望值如下表

	$S_z = \frac{1}{2}\hbar$	$S_z = -\frac{1}{2}\hbar$	$\langle S_z \rangle$
ψ_+	$\cos^2 \frac{1}{2}\gamma$	$\sin^2 \frac{1}{2}\gamma$	$\frac{1}{2}\hbar\cos\gamma$
ψ_-	$\sin^2 \frac{1}{2}\gamma$	$\cos^2 \frac{1}{2}\gamma$	$-\frac{1}{2}\hbar\cos\gamma$

解二：

显然，由坐标轴选取的任意性可知，$\hat{S}_n$ 的本征值为 $\pm\frac{1}{2}\hbar$，对应的本征态为 $\psi_\pm$. 设在 ψ_+ 态中，测量 S_z 为 $\pm\frac{1}{2}\hbar$ 的概率分别为 ρ_+, ρ_-，显然有 $\rho_+ + \rho_- = 1$. 期望值为

$$\overline{S}_z = \frac{\hbar}{2}\rho_+ - \frac{\hbar}{2}\rho_- = \frac{\hbar}{2}(\rho_+ - \rho_-) = \frac{\hbar}{2}(2\rho_+ - 1) \quad (7.4\text{-}7)$$

而在 $\hat{S}_z$ 的本征态 $\chi_{\frac{1}{2}}(S_z)$ 中，测量 S_n 的期望值为

$$\overline{S}_n = \overline{\boldsymbol{S}} \cdot \boldsymbol{n} = \overline{S}_x \cos\alpha + \overline{S}_y \cos\beta + \overline{S}_z \cos\gamma = \frac{1}{2}\hbar\cos\gamma \quad (7.4\text{-}8)$$

由于位置的相对性，以上两式的结果应该相同，即

$$\frac{1}{2}\hbar(2\rho_+ - 1) = \frac{1}{2}\hbar\cos\gamma$$

由此推出

$$\rho_+ = \frac{1}{2}(1 + \cos\gamma) = \cos^2\frac{\gamma}{2}, \quad \rho_- = 1 - \rho_+ = \sin^2\frac{\gamma}{2} \quad (7.4\text{-}9)$$

【物理讨论】

容易验证，$\hat{S}_n$ 可以由 $\hat{S}_z$ 通过绕沿着 $\boldsymbol{n} = \boldsymbol{e}_z \times (\boldsymbol{e}_x\cos\alpha + \boldsymbol{e}_y\cos\beta + \boldsymbol{e}_z\cos\gamma) = -\boldsymbol{e}_x\cos\beta + \boldsymbol{e}_y\cos\alpha$ 方向的转动轴逆时针转动角度 γ 后得到. 由于转动变换不改变力学量的本征值，因此 S_n 的本征值为 $\pm\frac{1}{2}\hbar$. 在 S_n 的本征态 ψ_+ 中，角动量为 $\frac{1}{2}\hbar\boldsymbol{n}$，它在 z 轴的投影为 $\frac{1}{2}\hbar\cos\gamma$，这就是其直观意义.

7.5 设氢原子的状态是

§7.2 习题分析与求解 **147**

$$\psi = \begin{pmatrix} \dfrac{1}{2} R_{21}(r) Y_{11}(\theta,\varphi) \\ -\dfrac{\sqrt{3}}{2} R_{21}(r) Y_{10}(\theta,\varphi) \end{pmatrix}$$

(1) 求轨道角动量 z 分量 $\hat{L}_z$ 和自旋角动量 z 分量 $\hat{S}_z$ 的期望值；

(2) 求总磁矩 $\hat{M} = -\dfrac{e}{2m_e}\hat{L} - \dfrac{e}{m_e}\hat{S}$ 的 z 分量的期望值（用玻尔磁子表示）。

【题意分析】

已知条件：氢原子的状态 $\psi = \dfrac{1}{2}\psi_{211}\chi_{\frac{1}{2}} - \dfrac{\sqrt{3}}{2}\psi_{210}\chi_{-\frac{1}{2}}$.

待求问题：$\overline{L}_z, \overline{S}_z$ 和 $\overline{M}_z = -\dfrac{e}{2m_e}\overline{L}_z - \dfrac{e}{m_e}\overline{S}_z$.

相互联系：

$$\overline{\hat{O}} = \iiint \psi^{\dagger} \hat{O} \psi \,\mathrm{d}\tau$$

【求解过程】

解一：

由本征方程 $\hat{L}_z \psi_{nlm} = m\hbar \psi_{nlm}$，得到

$$\overline{L}_z = \iiint \psi^{\dagger} \hat{L}_z \psi \,\mathrm{d}\tau = \iiint \left(\dfrac{1}{2}\psi_{211}\chi_{\frac{1}{2}} - \dfrac{\sqrt{3}}{2}\psi_{210}\chi_{-\frac{1}{2}} \right)^{\dagger} \dfrac{1}{2}\hbar \psi_{211}\chi_{\frac{1}{2}} \,\mathrm{d}\tau$$

利用自旋函数的正交归一性 $\chi_{m_s}^{\dagger}\chi_{m_{s'}} = \delta_{m_s,m_{s'}}$ 和本征函数的正交归一性 $\iiint \psi_{nlm}^{*}\psi_{n'l'm'}\,\mathrm{d}\tau = \delta_{nn'}\delta_{ll'}\delta_{mm'}$，上式化为

$$\overline{L}_z = \dfrac{1}{4}\hbar \iiint \psi_{211}^{*}\psi_{211}\,\mathrm{d}\tau = \dfrac{1}{4}\hbar$$

由本征方程 $\hat{S}_z \chi_{m_s} = m_s\hbar \chi_{m_s}$，得到

$$\overline{S}_z = \iiint \psi^{\dagger} \hat{S}_z \psi \,\mathrm{d}\tau = \iiint \left(\dfrac{1}{2}\psi_{211}\chi_{\frac{1}{2}} - \dfrac{\sqrt{3}}{2}\psi_{210}\chi_{-\frac{1}{2}} \right)^{\dagger} \left(\dfrac{1}{4}\hbar\psi_{211}\chi_{\frac{1}{2}} + \dfrac{\sqrt{3}}{4}\hbar\psi_{210}\chi_{-\frac{1}{2}} \right) \mathrm{d}\tau$$

$$= \iiint \left(\dfrac{1}{8}\hbar \psi_{211}^{*}\psi_{211} - \dfrac{3}{8}\hbar \psi_{210}^{*}\psi_{210} \right)\mathrm{d}\tau = \dfrac{1}{8}\hbar - \dfrac{3}{8}\hbar = -\dfrac{1}{4}\hbar$$

于是有

$$\overline{M}_z = -\frac{e}{2m_e}\overline{L}_z - \frac{e}{m_e}\overline{S}_z = -\frac{e}{2m_e}\frac{1}{4}\hbar + \frac{e}{m_e}\frac{1}{4}\hbar = \frac{e\hbar}{8m_e} = \frac{1}{4}M_B \quad (7.5\text{-}1)$$

解二：

$\psi_{211}\chi_{\frac{1}{2}}$ 为 $\hat{L}_z$ 和 $\hat{S}_z$ 的共同本征态，对应本征值分别为 $\hbar, \frac{1}{2}\hbar$；$\psi_{210}\chi_{-\frac{1}{2}}$ 也是 $\hat{L}_z$ 和 $\hat{S}_z$ 的共同本征态，对应本征值分别为 $0, -\frac{1}{2}\hbar$. 因此在叠加态 ψ 中测量 $\hat{L}_z$ 和 $\hat{S}_z$ 得到的可能值、相应的概率以及期望值为

状态	$\psi_{211}\chi_{\frac{1}{2}}$	$\psi_{210}\chi_{-\frac{1}{2}}$	ψ
概率幅	$\frac{1}{2}$	$-\frac{1}{2}\sqrt{3}$	
概率	$\frac{1}{4}$	$\frac{3}{4}$	1
力学量	可能值		期望值
L_z	$\hbar$	0	$\frac{1}{4}\hbar$
S_z	$\frac{1}{2}\hbar$	$-\frac{1}{2}\hbar$	$-\frac{1}{4}\hbar$

【物理讨论】

本题中氢原子状态 $\psi = R_{21}(r)\left[\frac{1}{2}Y_{11}(\theta,\varphi)\chi_{\frac{1}{2}}(s_z) - \frac{\sqrt{3}}{2}Y_{10}(\theta,\varphi)(s_z)\right]$ 为无耦合形式，可以直接计算 $\hat{L}_z$ 和 $\hat{S}_z$ 的期望值，如果要计算总角动量及其 z 分量的期望值，需要化成耦合表象中的形式. 利用角动量耦合关系 (7.17)，可以得到

$$\psi = \frac{1}{2}\psi_{1,\frac{3}{2},\frac{3}{2}} - \frac{\sqrt{2}}{2}\psi_{1,\frac{3}{2},-\frac{1}{2}} - \frac{1}{2}\psi_{1,\frac{1}{2},-\frac{1}{2}} \quad (7.5\text{-}2)$$

由此可求出该状态中，总角动量平方及其 z 分量的取值、对应的概率和期望值.

7.6 一体系由三个全同的玻色子组成，玻色子之间无相互作用. 玻色子

只有两个可能的单粒子态. 问体系可能的状态有几个？它们的波函数怎样用单粒子波函数构成？

【题意分析】

已知条件：3 个全同玻色子无相互作用，单粒子波函数为 $\varphi_1(q), \varphi_2(q)$.

待求问题：体系可能的状态 $\psi(q_1, q_2, q_3)$.

相互联系：由于无相互作用，$\psi(q_1, q_2, q_3)$ 由单粒子波函数的乘积 $\varphi_i(q_1)\varphi_j(q_2)\varphi_k(q_3)$ 组成；全同性原理要求 $\psi(q_1, q_2, q_3)$ 在粒子交换时保持不变，即为自变量交换的对称函数.

【求解过程】

解一：

根据对称性的要求，体系的波函数只能有两种形式：

（1）三个粒子处于同一单粒子态，这时有两种情况，即 $\varphi_1(q_1)\varphi_1(q_2)\varphi_1(q_3)$ 和 $\varphi_2(q_1)\varphi_2(q_2)\varphi_2(q_3)$，它们都是交换对称的，因此构成两个体系的波函数

$$\psi_S^{(1)} = \varphi_1(q_1)\varphi_1(q_2)\varphi_1(q_3), \quad \psi_S^{(2)} = \varphi_2(q_1)\varphi_2(q_2)\varphi_2(q_3)$$

（2）两个粒子处于同一单粒子态，另一个粒子处于其他状态，共有 $\varphi_1(q_1)\varphi_1(q_2)\varphi_2(q_3)$ 和 $\varphi_2(q_1)\varphi_2(q_2)\varphi_1(q_3)$ 两种情况. 它们不是交换对称的，需要对称化后才能构成体系的波函数. 对称化的方法是对所有可能的交换结果求和，结果得到

$$\psi_S^{(3)} = A[\varphi_1(q_1)\varphi_1(q_2)\varphi_2(q_3) + \varphi_1(q_1)\varphi_1(q_3)\varphi_2(q_2) + \varphi_1(q_3)\varphi_1(q_2)\varphi_2(q_1)]$$

$$\psi_S^{(4)} = A[\varphi_2(q_1)\varphi_2(q_2)\varphi_1(q_3) + \varphi_2(q_1)\varphi_2(q_3)\varphi_1(q_2) + \varphi_2(q_3)\varphi_2(q_2)\varphi_1(q_1)]$$

其中系数可以由归一化条件求得为 $A = \dfrac{1}{\sqrt{3}}$. 这样，体系共有 4 个可能的状态.

解二：

把单粒子状态看成盒子，问题成为在两个不同的盒子里放 3 个相同的粒子. 由排列组合知识可以求得共有 4 种不同的放法，对应 4 个系统波函数. 如下表

$\varphi_1(q)$	$\varphi_2(q)$	$\psi_S^{(i)}$
3 个	0 个	$\psi_S^{(1)}$
2 个	1 个	$\psi_S^{(3)}$
1 个	2 个	$\psi_S^{(4)}$
0 个	3 个	$\psi_S^{(2)}$

一般情况下,在 ω 个不同的盒子里放 a 个相同的粒子,共有 $C_{a+\omega-1}^{a}$ 种不同的放法.

【物理讨论】

本题中如果单粒子波函数的个数大于 2,体系的波函数会出现第三种形式,即三个粒子处于三种不同的单粒子状态.

本题的第二种解法提示我们可以直接用各个单粒子状态中的玻色子个数来描述对称化之后的系统状态,即粒子数表象. 例如, $\psi_S^{(1)}$ 可以写成 $\psi(n_1=3,n_2=0)$; $\psi_S^{(2)}$ 可以写成 $\psi(n_1=0,n_2=3)$; $\psi_S^{(3)}$ 可以写成 $\psi(n_1=2,n_2=1)$; $\psi_S^{(4)}$ 可以写成 $\psi(n_1=1,n_2=2)$. 在一般情况下,N 个粒子系统的状态为 $\psi(n_1,n_2,\cdots)$,$\sum_i n_i = N$. 如果不对粒子总数进行限制,上述方法还可以描述粒子数可以变化的系统,解释微观粒子的产生和湮没现象.

7.7 证明 $\chi_S^{(1)}$, $\chi_S^{(2)}$, $\chi_S^{(3)}$ 和 χ_A 组成正交归一系.

【题意分析】

已知条件:$\chi_{m_s}^{\dagger}(s_z)\chi_{m_s'}(s_z) = \delta_{m_s,m_s'}$.

待证问题:$\chi_S^{(i)\dagger}\chi_S^{(j)} = \delta_{ij}$, $\chi_S^{(i)\dagger}\chi_A = 0$, $\chi_A^{\dagger}\chi_A = 1$.

相互联系:$\chi_S^{(1)}$, $\chi_S^{(2)}$, $\chi_S^{(3)}$ 和 χ_A 在无耦合表象中的形式(7-20).

【求解过程】

解一:

利用无耦合表象中的(7-20)式和单电子自旋态的正交归一性,可以求出

$$\chi_S^{(1)\dagger}\chi_S^{(1)} = [\chi_{\frac{1}{2}}(s_{1z})\chi_{\frac{1}{2}}(s_{2z})]^{\dagger}[\chi_{\frac{1}{2}}(s_{1z})\chi_{\frac{1}{2}}(s_{2z})]$$

§7.2 习题分析与求解　　　　　　　　　　　　　　　　　　　　**151**

$$= \chi_{\frac{1}{2}}(s_{1z})^\dagger \chi_{\frac{1}{2}}(s_{1z}) \chi_{\frac{1}{2}}(s_{2z})^\dagger \chi_{\frac{1}{2}}(s_{2z}) = 1$$

$$\chi_S^{(1)\dagger} \chi_S^{(2)} = [\chi_{\frac{1}{2}}(s_{1z}) \chi_{\frac{1}{2}}(s_{2z})]^\dagger [\chi_{-\frac{1}{2}}(s_{1z}) \chi_{-\frac{1}{2}}(s_{2z})]$$

$$= \chi_{\frac{1}{2}}(s_{1z})^\dagger \chi_{-\frac{1}{2}}(s_{1z}) \chi_{\frac{1}{2}}(s_{2z})^\dagger \chi_{-\frac{1}{2}}(s_{2z}) = 0$$

$$\chi_S^{(1)\dagger} \chi_S^{(3)} = [\chi_{\frac{1}{2}}(s_{1z}) \chi_{\frac{1}{2}}(s_{2z})]^\dagger \cdot \frac{1}{\sqrt{2}}[\chi_{\frac{1}{2}}(s_{1z}) \chi_{-\frac{1}{2}}(s_{2z}) + \chi_{-\frac{1}{2}}(s_{1z}) \chi_{\frac{1}{2}}(s_{2z})]$$

$$= \frac{1}{\sqrt{2}}[\chi_{\frac{1}{2}}(s_{1z})^\dagger \chi_{\frac{1}{2}}(s_{1z}) \chi_{\frac{1}{2}}(s_{2z})^\dagger \chi_{-\frac{1}{2}}(s_{2z}) +$$

$$\chi_{\frac{1}{2}}(s_{1z})^\dagger \chi_{-\frac{1}{2}}(s_{1z}) \chi_{\frac{1}{2}}(s_{2z})^\dagger \chi_{\frac{1}{2}}(s_{2z})] = 0$$

$$\chi_S^{(1)\dagger} \chi_A = [\chi_{\frac{1}{2}}(s_{1z}) \chi_{\frac{1}{2}}(s_{2z})]^\dagger \cdot \frac{1}{\sqrt{2}}[\chi_{\frac{1}{2}}(s_{1z}) \chi_{-\frac{1}{2}}(s_{2z}) - \chi_{-\frac{1}{2}}(s_{1z}) \chi_{\frac{1}{2}}(s_{2z})]$$

$$= \frac{1}{\sqrt{2}}[\chi_{\frac{1}{2}}(s_{1z})^\dagger \chi_{\frac{1}{2}}(s_{1z}) \chi_{\frac{1}{2}}(s_{2z})^\dagger \chi_{-\frac{1}{2}}(s_{2z}) -$$

$$\chi_{\frac{1}{2}}(s_{1z})^\dagger \chi_{-\frac{1}{2}}(s_{1z}) \chi_{\frac{1}{2}}(s_{2z})^\dagger \chi_{\frac{1}{2}}(s_{2z})] = 0$$

同理可证其他的正交归一关系：

$$\chi_S^{(2)\dagger} \chi_S^{(2)} = \chi_S^{(3)\dagger} \chi_S^{(3)} = \chi_A^\dagger \chi_A = 1$$

$$\chi_S^{(2)\dagger} \chi_S^{(3)} = \chi_S^{(2)\dagger} \chi_A = \chi_S^{(3)\dagger} \chi_A = 0$$

解二：

在 S_z 表象中，$\chi_{\frac{1}{2}}(s_z) = \begin{pmatrix} 1 \\ 0 \end{pmatrix}$，$\chi_{-\frac{1}{2}}(s_z) = \begin{pmatrix} 0 \\ 1 \end{pmatrix}$。对应两个自旋粒子组成的系统，可以取直积表象 $S_{1z} \times S_{2z}$。如果 $\psi(s_{1z}) = \begin{pmatrix} a \\ b \end{pmatrix}_1$，$\varphi(s_{2z}) = \begin{pmatrix} c \\ d \end{pmatrix}_2$，则在直积表象中

$$\psi(s_{1z}) \varphi(s_{2z}) = \begin{pmatrix} a \\ b \end{pmatrix}_1 \otimes \begin{pmatrix} c \\ d \end{pmatrix}_2 = \begin{pmatrix} a\begin{pmatrix} c \\ d \end{pmatrix} \\ b\begin{pmatrix} c \\ d \end{pmatrix} \end{pmatrix} = \begin{pmatrix} ac \\ ad \\ bc \\ bd \end{pmatrix}$$

由此得到

$$\chi_{\mathrm{S}}^{(1)} = \begin{pmatrix} 1 \\ 0 \\ 0 \\ 0 \end{pmatrix}, \quad \chi_{\mathrm{S}}^{(2)} = \begin{pmatrix} 0 \\ 0 \\ 0 \\ 1 \end{pmatrix}, \quad \chi_{\mathrm{S}}^{(3)} = \frac{1}{\sqrt{2}} \begin{pmatrix} 0 \\ 1 \\ 1 \\ 0 \end{pmatrix}, \quad \chi_{\mathrm{A}} = \frac{1}{\sqrt{2}} \begin{pmatrix} 0 \\ 1 \\ -1 \\ 0 \end{pmatrix}$$

(7.7-1)

容易看出,上述 4 个态矢量组成一组正交归一的基底.

【物理讨论】

对称态 $\chi_{\mathrm{S}}^{(1,2,3)}$ 和反对称态 χ_{A} 是总角动量的平方 $\hat{S}^2 = (\boldsymbol{S}_1 + \boldsymbol{S}_2)^2$ 及其 z 分量 $S_z = S_{z1} + S_{z2}$ 的共同本征态,因此在二粒子自旋态空间中是完备的,它们构成了耦合表象中的一组正交归一的基底.

7.8 设两电子在弹性中心力场中运动,每个电子的势能是 $U(r) = \frac{1}{2} m_e \omega^2 r^2$. 如果电子之间的库仑能和 $U(r)$ 相比可以忽略,当一个电子处于基态,另一电子处于沿 x 方向运动的第一激发态时,求两个电子组成体系的波函数.

【题意分析】

已知条件:单电子波函数的空间部分分别为 $\varphi(\boldsymbol{r}_1) = \psi_0(x_1)\psi_0(y_1)\psi_0(z_1)$ 和 $\phi(\boldsymbol{r}_2) = \psi_1(x_2)\psi_0(y_2)\psi_0(z_2)$,其中 $\psi_n(x)$ 为一维谐振子第 n 个本征函数.

待求问题:体系的波函数 $\Psi(\boldsymbol{r}_1, s_{1z}; \boldsymbol{r}_2, s_{2z})$.

相互联系:由于无相互作用,$\Psi(\boldsymbol{r}_1, s_{1z}; \boldsymbol{r}_2, s_{2z})$ 可由两个单电子波函数的乘积组成;全同性原理要求 $\Psi(\boldsymbol{r}_1, s_{1z}; \boldsymbol{r}_2, s_{2z})$ 为反对称函数,即 $\Psi(\boldsymbol{r}_2, s_{2z}; \boldsymbol{r}_1, s_{1z}) = -\Psi(\boldsymbol{r}_1, s_{1z}; \boldsymbol{r}_2, s_{2z})$.

【求解过程】

解一:

单粒子波函数为空间部分和自旋部分的乘积,两电子的空间波函数不同,能够组成一个对称波函数 $\psi_{\mathrm{S}}(\boldsymbol{r}_1, \boldsymbol{r}_2)$ 和一个反对称波函数 $\psi_{\mathrm{A}}(\boldsymbol{r}_1, \boldsymbol{r}_2)$,具体形式为

$$\psi_{\mathrm{S}}(\boldsymbol{r}_1, \boldsymbol{r}_2) = \frac{1}{\sqrt{2}} [\varphi(\boldsymbol{r}_1)\phi(\boldsymbol{r}_2) + \phi(\boldsymbol{r}_1)\varphi(\boldsymbol{r}_2)]$$

$$\psi_A(r_1,r_2) = \frac{1}{\sqrt{2}}[\varphi(r_1)\phi(r_2) - \phi(r_1)\varphi(r_2)] \qquad (7.8\text{-}1)$$

两电子的自旋波函数可以组成 3 个对称函数 $\chi_S^{(1)}$, $\chi_S^{(2)}$, $\chi_S^{(3)}$ 和 1 个反对称函数 χ_A.

体系的波函数要求反对称,应该由不同对称性的空间部分和自旋部分组成,即

$$\psi_A(r_1,r_2)\chi_S^{(1)}, \psi_A(r_1,r_2)\chi_S^{(2)}, \psi_A(r_1,r_2)\chi_S^{(3)} \text{ 和 } \psi_S(r_1,r_2)\chi_A \qquad (7.8\text{-}2)$$

共有 4 种可能的状态,前三个空间部分相同,为三重态,后一个为单态.

解二:

考虑到自旋部分后,一个电子有两种可能状态 $\Phi_\pm(r_1,s_{1z}) = \varphi(r_1)\chi_{\pm\frac{1}{2}}(s_{1z})$,另一个电子也有两种可能的状态 $\Psi_\pm(r_2,s_{2z}) = \phi(r_2)\chi_{\pm\frac{1}{2}}(s_{2z})$,它们可以组合成的反对称状态有 4 个,分别是

$$\frac{1}{\sqrt{2}}[\Phi_+(r_1,s_{1z})\Psi_+(r_2,s_{2z}) - \Psi_+(r_1,s_{1z})\Phi_+(r_2,s_{2z})]$$

$$\frac{1}{\sqrt{2}}[\Phi_+(r_1,s_{1z})\Psi_-(r_2,s_{2z}) - \Psi_-(r_1,s_{1z})\Phi_+(r_2,s_{2z})] \qquad (7.8\text{-}3)$$

$$\frac{1}{\sqrt{2}}[\Phi_-(r_1,s_{1z})\Psi_+(r_2,s_{2z}) - \Psi_+(r_1,s_{1z})\Phi_-(r_2,s_{2z})]$$

$$\frac{1}{\sqrt{2}}[\Phi_-(r_1,s_{1z})\Psi_-(r_2,s_{2z}) - \Psi_-(r_1,s_{1z})\Phi_-(r_2,s_{2z})]$$

【物理讨论】

由单电子波函数构成多电子系统的波函数,是处理多电子原子问题的基础. 通常有两种方法,一是分别把各个电子的空间部分和自旋部分组合成系统的空间部分和自旋部分,再合成系统的波函数,如本题中的第一种解法;二是先把分别把各个电子的空间部分和自旋部分组合成单电子波函数,再按反对称性要求合成系统的波函数,如本题中的第二种解法.

由于电子自旋只有两种可能的状态,前一种方法只适用于双电子体系.

§7.3 扩展练习

E7.1 证明算符恒等式 $e^{i\xi\sigma_x} = \cos\xi + i\sigma_x\sin\xi$, $e^{i\xi\sigma_y} = \cos\xi + i\sigma_y\sin\xi$, 其中 ξ 为实数. 由此验证 $e^{-i\xi\sigma_x}e^{i\xi\sigma_x} = e^{i\xi\sigma_x}e^{-i\xi\sigma_x} = 1$, $e^{-i\xi\sigma_y}e^{i\xi\sigma_y} = e^{i\xi\sigma_y}e^{-i\xi\sigma_y} = 1$.

【提示】 将 $e^{i\xi\sigma_x}$ 泰勒展开, 并利用泡利算符的性质 $\sigma_x^2 = \sigma_y^2 = \sigma_z^2 = 1$.

E7.2 设 ξ 为任意实数, 证明

$$e^{-i\xi\sigma_y}\sigma_z e^{i\xi\sigma_y} = \sigma_z\cos 2\xi + \sigma_x\sin 2\xi, \quad e^{-i\xi\sigma_x}\sigma_z e^{i\xi\sigma_x} = \sigma_z\cos 2\xi - \sigma_y\sin 2\xi$$

并讨论算符 $e^{-i\xi\sigma_y}$ 的物理意义.

【提示】 利用上题的结果, 得到 $e^{\pm i\xi\sigma_y} = \cos\xi \pm i\sigma_y\sin\xi$, 代入公式左边进行计算. 也可以设 $\sigma(\zeta) = e^{-i\xi\hat{\sigma}_y}\hat{\sigma}_z e^{i\xi\hat{\sigma}_y}$, 得出 $\sigma(\xi)$ 满足二阶常微分方程 $\sigma''(\xi) + 4\sigma(\xi) = 0$ 和初始条件 $\sigma(0) = \hat{\sigma}_z$, $\sigma'(0) = 2\hat{\sigma}_x$, 再进行求解.

由公式可以看出, 算符 $e^{-i\xi\sigma_y}$ 是一个绕 y 轴逆时针转动 2ξ 角度的转动变换算符.

E7.3 设 $\boldsymbol{A}, \boldsymbol{B}$ 为常矢量, 证明

(1) $[\hat{\boldsymbol{\sigma}}, \hat{\boldsymbol{A}} \cdot \hat{\boldsymbol{\sigma}}] = 2i\hat{\boldsymbol{A}} \times \hat{\boldsymbol{\sigma}}$.

(2) $(\boldsymbol{\sigma}\cdot\boldsymbol{A})(\boldsymbol{\sigma}\cdot\boldsymbol{B}) = \boldsymbol{A}\cdot\boldsymbol{B} + i\boldsymbol{\sigma}\cdot\boldsymbol{A}\times\boldsymbol{B}$.

【提示】 利用关系 $\sigma_i\sigma_j = \delta_{ij} + i\varepsilon_{ijk}\sigma_k$.

E7.4 一个电子在恒定外磁场 $\boldsymbol{B} = B_0\boldsymbol{i}$ 中, 初始时刻处于状态 $\chi_{-\frac{1}{2}}(s_z)$, 求以后自旋的运动.

【提示】 电子自旋运动的薛定谔方程为 $i\hbar\frac{\partial}{\partial t}\psi = \hat{H}\psi$, 其中哈密顿算符为 $\hat{H} = -\boldsymbol{M}\cdot\boldsymbol{B} = -\frac{1}{2}M_B B\sigma_x$. 写成矩阵形式为 $i\hbar\frac{\partial}{\partial t}\begin{pmatrix}a\\b\end{pmatrix} = -\frac{1}{2}M_B B\begin{pmatrix}0 & 1\\1 & 0\end{pmatrix}\begin{pmatrix}a\\b\end{pmatrix}$, 初始条件为 $\psi(0) = \begin{pmatrix}0\\1\end{pmatrix}$.

E7.5 一个电子在转动磁场 $\boldsymbol{B} = B_1\cos\omega t\,\boldsymbol{i} + B_1\sin\omega t\,\boldsymbol{j} + B_0\boldsymbol{k}$ 中, 初始时刻处于状态 $\chi_{\frac{1}{2}}(s_z)$, 求 t 时刻电子处于状态 $\chi_{-\frac{1}{2}}(s_z)$ 的概率. 如果 $0 < B_1 \ll B_0$, 试用微扰理论求跃迁概率, 并与严格解比较.

【提示】 电子自旋运动的薛定谔方程为

$$i\hbar\frac{\partial}{\partial t}\begin{pmatrix}a\\b\end{pmatrix} = -\frac{1}{2}M_B\begin{pmatrix}B_0 & B_1 e^{-i\omega t}\\ B_1 e^{i\omega t} & -B_0\end{pmatrix}\begin{pmatrix}a\\b\end{pmatrix}$$

E7.6 处于 $l=0$ 态的极化电子束,通过不均匀磁场后,分裂为强度不同的两束,其中自旋平行于磁场的一束与自旋反平行磁场的一束强度比为 $1:3$,试求入射电子束自旋方向与该磁场的夹角大小.

【提示】 电子极化就是指电子自旋有确定的指向. 设电子沿 $\boldsymbol{n}(\theta,\varphi)$ 方向极化,则电子所处的自旋态就是自旋算符 $\hat{S}_n = \hat{\boldsymbol{S}} \cdot \boldsymbol{n}$ 相应于本征值为 $+\frac{1}{2}\hbar$ 的本征态.

取外磁场方向为 z 轴正向,极化电子自旋态 $\psi = \begin{pmatrix} a \\ b \end{pmatrix}$ 满足本征方程 $\hat{S}_n\psi = \frac{1}{2}\hbar\psi$,

解出 $\dfrac{a}{b} = \dfrac{1+\cos\theta}{\sin\theta \mathrm{e}^{\mathrm{i}\varphi}}$.

由强度比条件得到 $\dfrac{|a|^2}{|b|^2} = \left|\dfrac{1+\cos\theta}{\sin\theta \mathrm{e}^{\mathrm{i}\varphi}}\right|^2 = \cot^2\dfrac{\theta}{2} = \dfrac{1}{3}$,求出 $\theta = \dfrac{2}{3}\pi$.

E7.7 计算两两之间的具有"反铁磁"相互作用 $J\hat{\boldsymbol{S}}_i \cdot \hat{\boldsymbol{S}}_j, J>0, i,j=1,2,3$ 或铁磁相互作用 $J<0$ 的三个 $\dfrac{1}{2}$ 自旋粒子的基态能量,讨论其简并度.

【提示】 系统的哈密顿为 $\hat{H} = J(\hat{\boldsymbol{S}}_1 \cdot \hat{\boldsymbol{S}}_2 + \hat{\boldsymbol{S}}_2 \cdot \hat{\boldsymbol{S}}_3 + \hat{\boldsymbol{S}}_1 \cdot \hat{\boldsymbol{S}}_3)$,设 $\hat{\boldsymbol{S}} = \hat{\boldsymbol{S}}_1 + \hat{\boldsymbol{S}}_2 + \hat{\boldsymbol{S}}_3$ 为三粒子的总自旋角动量,因此 $\hat{S}^2 = \hat{S}_1^2 + \hat{S}_2^2 + \hat{S}_3^2 + 2(\hat{\boldsymbol{S}}_1 \cdot \hat{\boldsymbol{S}}_2 + \hat{\boldsymbol{S}}_2 \cdot \hat{\boldsymbol{S}}_3 + \hat{\boldsymbol{S}}_1 \cdot \hat{\boldsymbol{S}}_3)$. 哈密顿又可表示为

$$\hat{H} = \frac{1}{2}J(\hat{S}^2 - \hat{S}_1^2 - \hat{S}_2^2 - \hat{S}_3^2) = \frac{1}{2}J\left(\hat{S}^2 - \frac{9}{4}\hbar^2\right) \quad (\text{E7.7-1})$$

当 $J>0$ 时,基态的自旋量子数为 $S=\dfrac{1}{2}$,简并度为 2;当 $J<0$ 时,基态的自旋量子数为 $S=\dfrac{3}{2}$,简并度为 4.

E7.8 一系统由两个自旋为 $\dfrac{1}{2}$ 的非全同粒子组成,不考虑轨道运动,两粒子间的相互作用可写为 $\hat{H} = A\hat{\boldsymbol{S}}_1 \cdot \hat{\boldsymbol{S}}_2$. 设初始时刻 $(t=0)$ 粒子 1 自旋朝上,$S_{1z} = \dfrac{1}{2}\hbar$;粒子 2 自旋朝下,$S_{2z} = -\dfrac{1}{2}\hbar$. 求 t 时刻以后

(1) 粒子 1 自旋沿 z 轴向上的概率.

(2) 粒子 1 和 2 自旋均沿 z 轴向上概率.

(3) 总自旋为 0 和 1 的概率.

【提示】 利用总自旋角动量 $\hat{\boldsymbol{S}} = \hat{\boldsymbol{S}}_1 + \hat{\boldsymbol{S}}_2$,体系的哈密顿成为

$$\hat{H} = A\hat{\boldsymbol{S}}_1 \cdot \hat{\boldsymbol{S}}_2 = \frac{A}{2}(\hat{S}^2 - \hat{S}_1^2 - \hat{S}_2^2) = \frac{A}{2}\left(\hat{S}^2 - \frac{3}{2}\hbar^2\right)$$

(E7.8-1)

取耦合表象,即以 $\hat{S}^2, \hat{S}_z$ 的共同本征态 χ_{S,M_S}, $S = 1,0$;$|M_S| \leqslant S$ 为基,初始时刻体系的状态为

$$\chi(0) = \chi_{\frac{1}{2}}(s_{1z}) \cdot \chi_{-\frac{1}{2}}(s_{2z}) = \frac{1}{\sqrt{2}}(\chi_{0,0} + \chi_{1,0})$$

(E7.8-2)

t 时刻体系的状态为

$$\chi(t) = \frac{1}{\sqrt{2}}(e^{i3\omega t}\chi_{0,0} + e^{-i\omega t}\chi_{1,0}), \quad \omega = \frac{1}{4}A\hbar$$

(E7.8-3)

E7.9 考虑中子对质子的弹性散射,相互作用势能为

$$U = \begin{cases} U_0 \boldsymbol{\sigma}_1 \cdot \boldsymbol{\sigma}_2, & |\boldsymbol{r}_1 - \boldsymbol{r}_2| < a \\ 0, & |\boldsymbol{r}_1 - \boldsymbol{r}_2| \geqslant a \end{cases}$$

其中 $\boldsymbol{\sigma}_1, \boldsymbol{\sigma}_2$ 分别为中子和质子的泡利矩阵. 如果质子与中子的极化方向恰好相反,用玻恩近似法求微分散射截面.

【提示】 在质心系中,定态薛定谔方程为

$$-\frac{\hbar^2}{2m_\mu}\nabla^2\psi + U\psi = E\psi$$

(E7.9-1)

其中 m_μ 为折合质量. 重标度后的相互作用能为

$$V(\boldsymbol{r},\boldsymbol{\sigma}_1,\boldsymbol{\sigma}_2) = \frac{2m_\mu}{\hbar^2}U = V(r)\boldsymbol{\sigma}_1 \cdot \boldsymbol{\sigma}_2, \quad V(r) = \begin{cases} V_0, & r < a \\ 0, & r \geqslant a \end{cases}$$

(E7.9-2)

代入玻恩公式后,得到一个 4×4 的散射幅矩阵

$$F = -\frac{1}{4\pi}\iiint e^{-i\boldsymbol{K}\cdot\boldsymbol{r}'}V(\boldsymbol{r}',\boldsymbol{\sigma}_1,\boldsymbol{\sigma}_2)d\tau' = -\frac{1}{4\pi}\iiint e^{-i\boldsymbol{K}\cdot\boldsymbol{r}'}V(r')d\tau'\boldsymbol{\sigma}_1 \cdot \boldsymbol{\sigma}_2$$

$$= f(\theta)\boldsymbol{\sigma}_1 \cdot \boldsymbol{\sigma}_2$$

其中 $f(\theta) = \frac{-1}{K}\int_0^\infty rV(r)\sin Kr\,dr = \frac{V_0}{K^3}(Ka\cos Ka - \sin Ka)$.

设散射前的自旋态为 χ_i,散射后的自旋态为 χ_f,可以得到散射幅具体

形式

$$F_{i \to f} = \chi_f^\dagger F \chi_i = f(\theta) \chi_f^\dagger \boldsymbol{\sigma}_1 \cdot \boldsymbol{\sigma}_2 \chi_i \quad (\text{E7.9-3})$$

称为由自旋初态 χ_i 到自旋末态 χ_f 散射分道的散射幅. 一般来说, 不同散射分道的散射幅也不相同.

取自旋自旋耦合表象, 自旋初态 $\chi_i = \chi_{\frac{1}{2}}(s_1) \chi_{-\frac{1}{2}}(s_2) = \frac{1}{\sqrt{2}}(\chi_{1,0} + \chi_{0,0})$. 考虑到 $\boldsymbol{\sigma}^2 = \boldsymbol{\sigma}_1^2 + \boldsymbol{\sigma}_2^2 + 2\boldsymbol{\sigma}_1 \cdot \boldsymbol{\sigma}_2 = 6 + 2\boldsymbol{\sigma}_1 \cdot \boldsymbol{\sigma}_2$, 其中 $\boldsymbol{\sigma} = \boldsymbol{\sigma}_1 + \boldsymbol{\sigma}_2$, 则有 $\boldsymbol{\sigma}_1 \cdot \boldsymbol{\sigma}_2 = \frac{1}{2}\boldsymbol{\sigma}^2 - 3$.

因此, $\boldsymbol{\sigma}_1 \cdot \boldsymbol{\sigma}_2 \chi_i = \frac{1}{\sqrt{2}}(\chi_{1,0} - 3\chi_{0,0})$, 出射分道 $\chi_f = \chi_{1,0}$ 的散射幅为

$$F_{i \to 1,0} = \chi_{1,0}^\dagger F \chi_i = f(\theta) \chi_{1,0}^\dagger \frac{1}{\sqrt{2}}(\chi_{1,0} - 3\chi_{0,0}) = \frac{1}{\sqrt{2}} f(\theta)$$
$$(\text{E7.9-4})$$

出射分道 $\chi_f = \chi_{0,0}$ 的散射幅为

$$F_{i \to 0,0} = \chi_{0,0}^\dagger F \chi_i = f(\theta) \chi_{0,0}^\dagger \frac{1}{\sqrt{2}}(\chi_{1,0} - 3\chi_{0,0}) = -\frac{3}{\sqrt{2}} f(\theta)$$
$$(\text{E7.9-5})$$

其他出射分道的散射幅为零. 各道散射的微分总截面为

$$q = |F_{i \to 1,0}|^2 + |F_{i \to 0,0}|^2 = 5|f(\theta)|^2 \quad (\text{E7.9-6})$$

本题中, 我们也可以采用含有自旋初态 χ_i 的玻恩公式

$$F_i = -\frac{1}{4\pi} \iiint e^{-i\boldsymbol{K} \cdot \boldsymbol{r}'} V(\boldsymbol{r}', \boldsymbol{\sigma}_1, \boldsymbol{\sigma}_2) \chi_i d\tau' \quad (\text{E7.9-7})$$

这时, 散射到自旋末态 χ_f 的分道散射幅为 $F_{i \to f} = \chi_f^\dagger F_i$, 微分总截面为 $q = F_i^\dagger F_i$.

E7.10 考虑中子对中子的弹性散射, 相互作用势能为

$$U = \begin{cases} U_0 \boldsymbol{\sigma}_1 \cdot \boldsymbol{\sigma}_2, & |\boldsymbol{r}_1 - \boldsymbol{r}_2| < a \\ 0, & |\boldsymbol{r}_1 - \boldsymbol{r}_2| \geq a \end{cases}$$

其中 $\boldsymbol{\sigma}_1, \boldsymbol{\sigma}_2$ 分别为两中子的泡利矩阵. 如果两中子都已沿着同一固定方向极化, 求相对运动能量较高时的微分散射截面.

【提示】 取极化方向为 z 轴正向, 自旋初态为 $\chi_i = \chi_{1,1}$, 与上题类似可以得到散

射幅

$$F_i = F\chi_i = f(\theta)\boldsymbol{\sigma}_1 \cdot \boldsymbol{\sigma}_2 \,\chi_{1,1} = f(\theta)\chi_{1,1}$$

（E7.10-1）

其中 $f(\theta)$ 与上题相同. 由于中子为费米子, 全同性原理要求体系的波函数反对称. 现在自旋态对称, 空间态应该反对称, 即上式需要修正为

$$F_i = [f(\theta) - f(\pi - \theta)]\chi_{1,1}$$

（E7.10-2）

由此得到微分总截面为 $q = F_i^\dagger F_i = |f(\theta) - f(\pi - \theta)|^2$.

附录 A 量子力学中常用的数学工具

1. 常用数学符号

1.1 克雷内克符号

克雷内克(Kronecker)符号 δ_{ij} 在物理中有广泛应用,其定义为

$$\delta_{ij} = \begin{cases} 1, & i = j \\ 0, & i \neq j \end{cases} \quad (A1\text{-}1)$$

可以用来简洁地表示基矢量或本征函数之间的正交归一性关系

$$\int \psi_i^* \psi_j \mathrm{d}x = \delta_{ij} \quad (A1\text{-}2)$$

1.2 列维·西维塔符号

列维·西维塔(Levi-Civita)符号 ε_{ijk} 又称为三阶反对称张量,其定义为

$$\varepsilon_{ijk} = \begin{cases} +1, & ijk = 123, 231, 312 \\ -1, & ijk = 132, 213, 321 \\ 0, & \text{其他} \end{cases} \quad (A1\text{-}3)$$

可以用来简洁地表示矢量积的分量关系

$$(\boldsymbol{A} \times \boldsymbol{B})_k = \sum_{i,j} \varepsilon_{ijk} A_i B_j, \quad \boldsymbol{A} \times \boldsymbol{B} \cdot \boldsymbol{C} = \sum_{i,j,k} \varepsilon_{ijk} A_i B_j C_k \quad (A1\text{-}4)$$

1.3 微分算符

在坐标表象下,动量对应梯度算符,梯度算符在直角坐标和球坐标中的表示形式分别为

$$\nabla = \boldsymbol{e}_x \frac{\partial}{\partial x} + \boldsymbol{e}_y \frac{\partial}{\partial y} + \boldsymbol{e}_z \frac{\partial}{\partial z} = \boldsymbol{e}_r \frac{\partial}{\partial r} + \boldsymbol{e}_\theta \frac{1}{r} \frac{\partial}{\partial \theta} + \boldsymbol{e}_\varphi \frac{1}{r\sin\theta} \frac{\partial}{\partial \varphi} \quad (A1\text{-}5)$$

利用球坐标表达式 $\boldsymbol{r} = r\boldsymbol{e}_r$,得到

$$\boldsymbol{r} \times \nabla = \boldsymbol{e}_\varphi \frac{\partial}{\partial \theta} - \boldsymbol{e}_\theta \frac{1}{\sin\theta} \frac{\partial}{\partial \varphi} \quad (A1\text{-}6)$$

上式决定了角动量在球坐标中的表示形式.

（A1-6）式的平方为球面拉普拉斯算符

$$\Delta_\Omega = \frac{1}{\sin\theta}\frac{\partial}{\partial\theta}\sin\theta\frac{\partial}{\partial\theta} + \frac{1}{\sin^2\theta}\frac{\partial^2}{\partial\varphi^2} \qquad (\text{A1-7})$$

与角动量平方相对应. 拉普拉斯算符在直角坐标和球坐标中的表示形式分别为

$$\Delta = \nabla^2 = \frac{\partial^2}{\partial x^2} + \frac{\partial^2}{\partial y^2} + \frac{\partial^2}{\partial z^2} = \frac{1}{r}\frac{\partial^2}{\partial r^2}r + \frac{1}{r^2}\Delta_\Omega \qquad (\text{A1-8})$$

与动能相对应.

2. 常用数学函数

2.1 Γ 函数及其应用

Γ 函数是阶乘的推广,也称伽马函数,其定义为

$$\Gamma(x) = \int_0^\infty e^{-t} t^{x-1} dt, \quad x > 0 \qquad (\text{A2-1})$$

它具有一些典型的特殊值

$$\Gamma(n) = (n-1)!, \quad \Gamma\left(n + \frac{1}{2}\right) = \frac{(2n-1)!!}{2^n}\sqrt{\pi}, \quad \Gamma\left(\frac{1}{2}\right) = \sqrt{\pi}$$

$$(\text{A2-2})$$

下面的积分可以化为 Γ 函数

$$\int_{-\infty}^\infty |\xi|^n e^{-\xi^2} d\xi = \int_0^\infty \xi^{n-1} e^{-\xi^2} d\xi^2 = \int_0^\infty \zeta^{\frac{n-1}{2}} e^{-\zeta} d\zeta = \Gamma\left(\frac{n+1}{2}\right) \qquad (\text{A2-3})$$

$$\int_0^\infty e^{-at} t^{x-1} \sin bt \, dt = \frac{\sin\left(x\arctan\dfrac{b}{a}\right)}{(a^2+b^2)^{\frac{x}{2}}}\Gamma(x), \quad x,a > 0 \qquad (\text{A2-4})$$

2.2 谐振子能量本征函数和厄米多项式

厄米多项式的定义为

$$H_n(x) = (-1)^n e^{x^2} \frac{d^n}{dx^n} e^{-x^2}, \quad n \in \mathbf{N} \qquad (\text{A2-5})$$

满足微分方程 $H_n''(x) - 2xH_n'(x) + 2nH_n(x) = 0$, 具有性质 $H_n(-x) = (-1)^n H_n(x)$, 并满足带权重的正交性关系

$$\int_{-\infty}^{\infty} H_l(x) H_n(x) e^{-x^2} dx = 2^n n! \sqrt{\pi} \delta_{ln} \qquad (A2\text{-}6)$$

前 4 个厄米多项式为

$$H_0(x) = 1, \quad H_1(x) = 2x, \quad H_2(x) = 4x^2 - 2, \quad H_3(x) = 8x^3 - 12x \qquad (A2\text{-}7)$$

谐振子的能量本征函数为

$$\psi_n(x) = N_n e^{-\frac{1}{2}\alpha^2 x^2} H_n(\alpha x) \qquad (A2\text{-}8)$$

其中归一化因子为 $N_n = \sqrt{\alpha}/\sqrt{\sqrt{\pi} 2^n n!}$.

2.3 角动量与球函数

归一化的球谐函数定义为

$$Y_{lm}(\theta, \varphi) = (-1)^m N_{l,m} P_l^m(\cos\theta) e^{im\varphi}, \quad l \in \mathbf{N}, |m| \le l \qquad (A2\text{-}9)$$

其中 N_{lm} 为归一化因子,而

$$P_l^m(x) = \frac{(x^2-1)^{m/2}}{2^l \cdot l!} \frac{d^{l+m}}{dx^{l+m}}(x^2-1)^l, \quad |m| \le l \qquad (A2\text{-}10)$$

为连带勒让德函数.

球谐函数满足球面赫姆霍兹方程 $\Delta_\Omega Y_{lm} + l(l+1)Y_{lm} = 0$ 和递推公式

$$\cos\theta Y_{lm} = \sqrt{\frac{(l+1)^2 - m^2}{(2l+1)(2l+3)}} Y_{l+1,m} + \sqrt{\frac{l^2 - m^2}{(2l+1)(2l-1)}} Y_{l-1,m}$$

$$\sin\theta e^{\pm i\varphi} = \mp \sqrt{\frac{(l \pm m + 1)(l \pm m + 2)}{(2l+1)(2l+3)}} Y_{l+1,m\pm 1} \pm$$

$$\sqrt{\frac{(l \mp m)(l \mp m - 1)}{(2l-1)(2l+1)}} Y_{l-1,m\pm 1} \qquad (A2\text{-}11)$$

是角动量平方及其 z 分量的共同本征函数. 前几个球谐函数为

$$Y_{0,0} = \frac{1}{\sqrt{4\pi}}, \quad Y_{1,0} = \sqrt{\frac{3}{4\pi}}\cos\theta, \quad Y_{1,\pm 1} = \mp\sqrt{\frac{3}{8\pi}}\sin\theta e^{\pm i\varphi}$$

$$Y_{2,0} = \sqrt{\frac{5}{16\pi}}(3\cos^2\theta - 1), \quad Y_{2,\pm 1} = \sqrt{\frac{15}{8\pi}}\cos\theta\sin\theta e^{\pm i\varphi}$$

$$Y_{2,\pm 2} = \sqrt{\frac{15}{32\pi}}\sin^2\theta e^{\pm 2i\varphi}$$

$$(A2\text{-}12)$$

2.4 氢原子径向波函数与连带拉盖尔多项式

连带拉盖尔多项式的定义为

$$L_n^k(x) = \frac{d^k}{dx^k} L_n(x) \qquad (A2\text{-}13)$$

其中

$$L_n(x) = e^x \frac{d^n}{dx^n}(e^{-x} x^n) \qquad (A2\text{-}14)$$

称为拉盖尔多项式,满足拉盖尔微分方程 $xL_n''(x) + (1-x)L_n'(x) + nL_n(x) = 0$.

氢原子的径向波函数为

$$R_{nl}(r) = N_{nl} e^{-\frac{r}{na_0}} \left(\frac{2r}{na_0}\right)^l L_{n+l}^{2l+1}\left(\frac{2r}{na_0}\right), \quad n > l \geqslant 0 \qquad (A2\text{-}15)$$

其中 N_{nl} 为归一化因子. 记 $\xi = r/a_0$,前几个径向波函数为

$$R_{1,0}(r) = \frac{2}{\sqrt{a_0^3}} \cdot e^{-\xi}, \quad R_{2,0}(r) = \frac{1}{\sqrt{8a_0^3}}(2-\xi) e^{-\xi/2}$$

$$R_{2,1}(r) = \frac{1}{\sqrt{24a_0^3}} \xi e^{-\xi/2}, \quad R_{3,0}(r) = \frac{1}{\sqrt{27a_0^3}}\left(2 - \frac{4}{3}\xi + \frac{4}{27}\xi^2\right) e^{-\xi/3}$$

$$R_{3,1}(r) = \sqrt{\frac{8}{27a_0^3}} \xi \left(\frac{2}{9} - \frac{1}{27}\xi\right) e^{-\xi/3}, \quad R_{3,2}(r) = \sqrt{\frac{8}{135a_0^3}} \frac{1}{27} \xi^2 e^{-\xi/3}$$

$$(A2\text{-}16)$$

2.5 散射相移与球贝塞尔函数

l 阶球贝塞尔函数和球诺伊曼函数的定义分别为

$$j_l(x) = \sqrt{\frac{\pi}{2x}} J_{l+\frac{1}{2}}(x), \quad n_l(x) = \sqrt{\frac{\pi}{2x}} N_{l+\frac{1}{2}}(x) \qquad (A2\text{-}17)$$

其中 $J_\nu(x)$ 和 $N_\nu(x)$ 分别为 ν 阶贝塞尔函数和诺伊曼函数

$$J_\nu(x) = \sum_{n=0}^{\infty} \frac{(-1)^n}{n!\Gamma(\nu+n+1)} \left(\frac{x}{2}\right)^{\nu+2n}, \quad N_\nu(x) = \frac{J_\nu(x)\cos\nu\pi - J_{-\nu}(x)}{\sin\nu\pi}$$

$$(A2\text{-}18)$$

球贝塞尔函数和球诺伊曼函数是球贝塞尔方程 $y_l'' + \frac{2}{x} y_l' + \left[1 - \frac{l(l+1)}{x^2}\right] y_l = 0$ 的两个线性独立的特解,具有渐近形式

$$j_l(x) \xrightarrow{x \to \infty} \frac{1}{x}\sin\left(x - \frac{1}{2}l\pi\right), \quad n_l(x) \xrightarrow{x \to \infty} \frac{1}{x}\cos\left(x - \frac{1}{2}l\pi\right)$$
(A2-19)

散射问题中,径向波函数的渐近形式为 $R_l(r) \xrightarrow{r \to \infty} A_l r^{-1}\sin(kr - \frac{1}{2}l\pi + \delta_l)$,它与球贝塞尔函数 $j_l(kr)$ 的位相差 δ_l 称为相移,相移在散射截面的计算中非常重要.

整数阶的球贝塞尔函数和球诺伊曼函数都是初等函数,前几个分别为

$$j_0(x) = \frac{\sin x}{x}, \quad n_0(x) = -\frac{\cos x}{x}$$

$$j_1(x) = \frac{\sin x - x\cos x}{x^2}, \quad n_1(x) = -\frac{\cos x + x\sin x}{x^2} \quad (A2\text{-}20)$$

$$j_2(x) = \frac{3\sin x - 3x\cos x - x^2\sin x}{x^3}, \quad n_1(x) = -\frac{3\cos x + 3x\sin x - x^2\cos x}{x^3}$$

2.6 狄拉克函数

狄拉克函数是一个广义函数,定义为

$$\delta(x) = \begin{cases} 0, & x \neq 0, \\ \infty, & x = 0, \end{cases} \quad \int_{-\infty}^{\infty} \delta(x)\mathrm{d}x = 1 \quad (A2\text{-}21)$$

可以表示质点或点电荷的密度,在量子力学中常常用来表示本征函数集合的完备性

$$\sum_{n=0}^{\infty} \psi_n^*(x')\psi_n(x) = \delta(x - x') \quad (A2\text{-}22)$$

和连续谱本征函数的正交归一性关系.

狄拉克函数及其导数具有选择性质

$$\int_{-\infty}^{\infty} \delta(x-a)f(x)\mathrm{d}x = f(a), \quad \int_{-\infty}^{\infty} \delta'(x-a)f(x)\mathrm{d}x = -f'(a)$$
(A2-23)

狄拉克函数的积分为赫维赛德(Heaviside)函数,也称单位阶跃函数

$$\varepsilon(x) = \int_{-\infty}^{x} \delta(\xi)\mathrm{d}\xi = \begin{cases} 1, & x \geq 0 \\ 0, & x < 0 \end{cases} \quad (A2\text{-}24)$$

3. 常用数学公式

3.1 矢量积分公式

封闭曲线积分的斯托克斯公式为

$$\oint_{\partial D} \boldsymbol{A} \cdot \mathrm{d}\boldsymbol{l} = \iint_{D} \nabla \times \boldsymbol{A} \cdot \mathrm{d}\boldsymbol{S} \tag{A3-1}$$

其中 ∂D 为曲面 D 的边界曲线.

封闭曲面积分的高斯公式为

$$\oiint_{\partial V} \boldsymbol{A} \cdot \mathrm{d}\boldsymbol{S} = \iiint_{V} \nabla \cdot \boldsymbol{A} \mathrm{d}V \tag{A3-2}$$

其中 ∂V 为空间区域 V 的边界曲面.

3.2 级数求和公式

$$\sum_{n=1}^{\infty} \frac{1}{n^2} = \frac{\pi^2}{6}, \quad \sum_{n\text{为偶数}} \frac{1}{n^2} = \frac{\pi^2}{2^2 \cdot 6}, \quad \sum_{n\text{为奇数}} \frac{1}{n^2} = \frac{\pi^2}{8} \tag{A3-3}$$

$$\sum_{n=1}^{\infty} \frac{1}{n^4} = \frac{\pi^4}{90}, \quad \sum_{n\text{为偶数}} \frac{1}{n^4} = \frac{\pi^4}{2^4 \cdot 90}, \quad \sum_{n\text{为奇数}} \frac{1}{n^4} = \frac{\pi^4}{96} \tag{A3-4}$$

$$\sum_{n=1}^{\infty} \frac{1}{n^6} = \frac{\pi^6}{945}, \quad \sum_{n\text{为偶数}} \frac{1}{n^6} = \frac{\pi^6}{2^6 \cdot 945}, \quad \sum_{n\text{为奇数}} \frac{1}{n^6} = \frac{\pi^6}{960} \tag{A3-5}$$

3.3 统计公式

在给定概率分布 $P(Q = q_i) = w_i$ 时,随机变量 Q 的期望值为

$$\overline{Q} = \sum_{i} w_i q_i \tag{A3-6}$$

其函数 $f(Q)$ 的期望值为

$$\overline{f(Q)} = \sum_{i} w_i f(q_i) \tag{A3-7}$$

随机变量 Q 的方差为

$$\overline{(\Delta Q)^2} = \overline{(Q - \overline{Q})^2} = \overline{Q^2} - \overline{Q}^2 \tag{A3-8}$$

附录 B　Mathematica 的基本应用

1. 什么是 Mathematica

Mathematica 是美国 Wolfram Research 公司开发的通用科学计算软件,主要用途是科学研究与工程技术中的计算,这里介绍的是第 6 版(2008 年更新为第 7 版). 由于它的功能十分强大,使用非常简便,现在已成为大学师生进行教学和科研的有力工具. 它的主要特点有:

(1) 既可以进行程序运行,又可以进行交互式运行. 一句简单的 Mathematic 命令常常可以完成普通的 c 语言几十甚至几百个语句的工作. 例如解方程: $x^4+x^3+3x-5=0$ 只要运行下面的命令:

```
Solve[x^4 +x^3 +3 x -5 ==0,x]
```

(2) 既可以进行任意高精度的数值计算,又可以进行各种复杂的符号演算,如函数的微分、积分、幂级数展开、矩阵求逆等. 它使许多以前只能靠纸和笔解决的推理工作可以用计算机处理. 例如求不定积分: $\int x^4 e^{-2x} dx$ 只要运行下面的命令:

```
Integrate[x^4 * Exp[ -2 x],x]
```

(3) 既可以进行抽象计算,又可以用图形、动画和声音等形式来具体表现,使人能够直观地把握住研究对象的特性. 例如绘制函数图形: $y=e^{-x/2}\cos x$, $x\in[0,\pi]$,只要运行下面的命令:

```
Plot[Exp[ -x/2]*Cos[x],{x,0,Pi}].
```

(4) Mathematica 把各种功能有机地结合在一个集成环境里,可以根据需要做不同的操作,给使用者带来极大的方便.

2. Mathematica 的基本功能

2.1 基本运算及其对象

Mathematica 的基本数值运算有加法、减法、乘法、除法和乘(开)方,分别用运算符"+"、"-"、"*"、"/"和"^"来表示(在不引起误解的情况下,乘号可以省略或用空格代替),例如 2.4 * 3^2 - (5/(6 + 3))^(1/3) 表示 $2.4 \times 3^2 - \sqrt[3]{5 \div (6+3)}$. 小括号"("和")"作为表示运算优先顺序的符号,用于组合运算;中括号用于命令和函数;大括号用于集合和列表.

Mathematica 的关系运算符有:>、<、> =、< =、! =、== 等,它们的意义与通常的数学语言相同,要注意"! ="表示不等于,双等号"=="表示等于. 而单等号"="和冒号等号":="表示定义或赋值,不表示相等. 逻辑运算符主要有:!、&&、||,它们的意义与 c 语言中相同,分别是"非"、"与"、"或".

Mathematica 的基本数值运算对象有常数、变量和函数,包含整数,有理数、实数和复数等数值类型. 为了方便,Mathematica 预先用符号表示了一些重要常数,如 Pi 表示圆周率 π,E 表示自然对数的底 $e = 2.17828\cdots$,I 表示虚单位 i,Infinity 表示无穷大 ∞ 等. 比如说,E^(2 * Pi * I) 表示 $e^{2\pi i}$.

Mathematica 还预先定义了大量数学函数以供调用,调用格式为"函数名[自变量]",预定义的函数名用大写字母开始的标识符表示,常用的有

函数名及使用格式	函数的功能
Abs[x]	求 x 的绝对值
Exp[x]	求 e 的 x 次幂
Log[x]	求 x 的自然对数 ln(x)
Log[b,x]	求以 b 为底的 x 的对数
Sin[x],Cos[x],Tan[x]	求 x 的正弦、余弦和正切函数
ArcSin[x],ArcCos[x],ArcTan[x]	求 x 的反正弦、反余弦和反正切函数
Factorial[n]或 n!	求 n 的阶乘(其中 n 可以取实数)

Mathematica 中也允许我们自己定义函数,定义函数的格式为"函数名[自变量]:=表达式". 其中函数名用标识符表示,自定义的标识符通常以小写字母开始,后跟数字和字母的组合,例如:fn1、g 等;中括号里的自变量后面要有下划线;冒号等号表示定义,也可以用等号来替换;表达式中可以包括已经定义过的函数. 例如 try[x_]:=3 + x * Sin[x^2] 表示定义了函数 $try(x) = 3 + x \sin(x^2)$. 自定义函数的调用方式与预定义的函数完全相同,如 D[try[x],x] 表示自定义函数 $try(x)$ 对自变量 x 求导,输出结果为 2 x^2 Cos[x^2] + Sin[x^2].

Mathematica 中变数可以根据需要自行定义,一个变量可以用来表示一个数,或者一个表达式,甚至一个图形. 定义变量的格式为"变量名=表达式". 其

中变量名用标识符表示,等号"="同时还有为变量赋值的作用.例如:x=3^2+4 定义了变量 x,同时赋予该变量值为 13.

2.2 符号演算

(1) 解代数方程

Mathematica 中解代数方程的命令是 Solve,它能给出方程的所有解析解,而且结果中可以含有参数或虚数.使用格式为"Solve[方程,变量]",其中方程里必须用双等号表示相等,变量为本次命令所要求解的变量.例如对变量 x 求解方程 $x^2+px+q=0$ 可以用命令 Solve[x^2+p*x+q==0,x],结果为

$$\left\{\left\{x\to\frac{1}{2}(-p-\sqrt{p^2-4q})\right\},\ \left\{x\to\frac{1}{2}(-p+\sqrt{p^2-4q})\right\}\right\}$$

又如求解方程 $x^4+2x^2+5=0$ 可以用命令 Solve[x^4+2*x^2+5==0,x],结果为

$$\{\{x\to-\sqrt{-1-2i}\},\ \{x\to\sqrt{-1-2i}\},\ \{x\to-\sqrt{-1+2i}\},$$
$$\{x\to\sqrt{-1+2i}\}\}$$

Solve 命令还能求解代数方程组,使用格式为"Solve[{方程组},{变量组}]".

(2) 求积分

Mathematica 中求不定积分的命令是 Integrate,它能给出被积函数的原函数,使用格式为"Integrate[被积函数,积分变量]".例如求不定积分 $\int x\sin x\,\mathrm{d}x$ 可以用命令 Integrate[x Sin[x],x],结果为 -x Cos[x]+Sin[x].

Integrate 命令也能求定积分,使用格式为"Integrate[被积函数,{积分变量,下限,上限}]".例如求定积分 $\int_0^\infty e^{-2x}\sin x\,\mathrm{d}x$ 可以用命令 Integrate[Exp[-2 x]*Sin[x],{x,0,Infinity}],结果为 1/5.

(3) 求导数和解常微分方程

Mathematica 中求导函数的命令是 D,使用格式为"D[函数,自变量]",例如求 arcsin x^2 的导函数可以用 D[ArcSin[x^2],x];D 命令也可以用来求函数的 n 阶导数,格式为"D[函数,{自变量,n}]".

Mathematica 中求解常微分方程的命令是 DSolve,它能给出方程的通解.使用格式为"DSolve[方程,待求函数,自变量]",其中方程里可以用单引号表示对待求函数的导数.例如求微分方程 $y'(x)+y(x)=2$ 的通解可以用命令 DSolve[y'[x]+y[x]==2,y[x],x],输出结果为{{y[x]→2+e-x C[1]}}.

存在定解条件时,Dsolve 还能给出微分方程的特解,使用格式为"DSolve[｛方程,条件｝,待求函数,自变量]",例如求微分方程 $y'' + 4y = 0, y(0) = 0$,$y'(0) = 6$ 的特解可以用命令 `DSolve[｛y''[x] + 4 y[x] == 0, y[0] == 0, y'[0] == 6｝, y[x], x]`,结果为 `｛｛y[x]→3 Sin[2 x]｝｝`.

2.3 数值计算

(1) 近似运算

Mathematica 中的运算分为精确运算与近似运算,在一般情况下 Mathematica 总是进行精确运算,如果运算数本身为近似数或者操作者要求进行近似运算时才进行近似运算. Mathematica 提供的近似(数值)计算的命令为"N",它可以把精确数化为近似数. 近似计算的命令格式为"N[表达式,有效数字位数]". 例如,要把 $\sqrt{2} + \ln 3$ 化成 20 位有效数字的近似数,命令为 `N[2^(1/2) + Log[3], 20]`,得到的结果为 2.5128258510412047402.

在 N 命令中,有效数字位数可以缺省,在缺省时系统默认为取 6 位有效数字. 例如,命令 `N[2^(1/2) + Log[3]]`,输出的结果为 2.51283.

N 命令也可以采用后缀的形式,例如上面的操作也可以表达为 `2^(1/2) + Log[3]//N`,输出的结果同样为 2.51283.

(2) 代数方程的数值解

对超越方程或者五次以上的代数方程,一般来说不存在解析解. 这时 Mathematica 提供了数值求解的命令 FindRoot,格式为"FindRoot[方程,｛变量,初值｝]",例如对方程 $x + e^x = 2$ 在 $x = 0$ 附近求解,可以用命令 `FindRoot[x + Exp[x] == 2, ｛x, 0｝]`,结果得 ｛x→0.442854｝. FindRoot 命令能够求解任意代数方程,但一次只给出一个实根.

(3) 定积分的数值计算

Mathematica 中数值计算定积分的命令为 NIntegrate,使用格式为"NIntegrate[被积函数,｛积分变量,下限,上限｝]". 例如求定积分 $\int_1^\infty (e^{-2x}/x) dx$ 可以用命令 `NIntegrate[Exp[-2 x]/x, ｛x, 1, Infinity｝]`,结果为 0.0489005.

(4) 常微分方程的数值求解

Mathematica 中数值计算常微分方程特解的命令为 NDSolve,使用格式为"NDSolve[｛方程,条件｝,待求函数,｛自变量,下限,上限｝]",例如求微分方程 $y'' + 4y = 0, y(0) = 0, y'(0) = 3$ 在 $x \in [0, 5]$ 的数值特解,可以用命令 `NDSolve[｛y''[x] + 4 y[x] == 0, y[0] == 0, y'[0] == 3｝, y[x], ｛x, 0, 5｝]`,结果得到一个定义 [0, 5] 区间内的插值函数 ｛｛y[x]→InterpolatingFunction[｛｛0., 5.｝｝, <>][x]｝｝, Mathematica 虽然不能用解析公式将它表达出来,

但是可以列出函数值表或绘出函数图像.

2.4 函数作图

(1) 一元函数作图

Mathematica 中提供了多种函数作图的命令,对一元显函数作图的命令为 Plot,使用格式为"Plot[函数,{自变量,下限,上限},选项]",表示给定区间上,按选项的要求画出函数的图形,取默认设置时选项可以省略.例如按默认设置画出函数 $y = e^x \sin x - x$ 在 $x \in [0, \pi]$ 的图像,可以利用命令 Plot[Exp[x] Sin[x] - x,{x,0,Pi}],结果如图 B1.

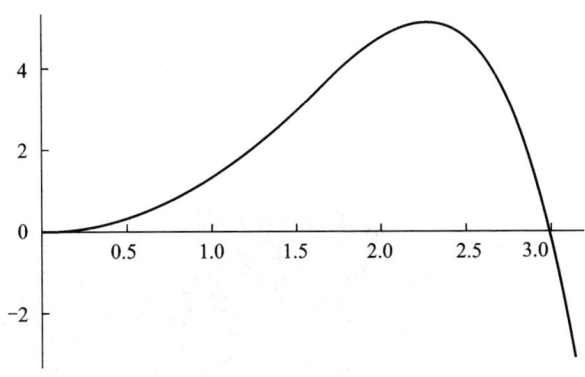

图 B1

在格式中把函数改为{函数组},就可以在给定区间上,按选项的要求同时画出几个函数的图形.

(2) 参数方程的作图

对于以参数方程形式给出的函数,Mathematica 中提供了参数作图的命令,格式为"ParametricPlot[{函数组},{参数,下限,上限},选项]".例如画一个参数方程 $x = 3\cos t, y = 2\sin 3t$ 在 $t \in [0, 2\pi]$ 的函数,用命令 ParametricPlot[{3 Cos[t],2 Sin[3 t]},{t,0,2 Pi}],结果如图 B2.

(3) 二元函数作图

Mathematica 中对二元函数作图的命令为 Plot3D,使用格式为"Plot3D[二元函数,{自变量1,下限,上限},{自变量2,下限,上限},选项]",表示给定区间上,按选项的要求画出二元函数的立体图形.例如按默认设置画出函数 $u = \sin x \cos 2y$ 在区间 $x \in [0, \pi], y \in [0, 4]$ 中的空间曲面,可以用命令 Plot3D[Sin[x] Cos[2 y],{x,0,Pi},{y,0,4}],结果如图 B3.

图 B2

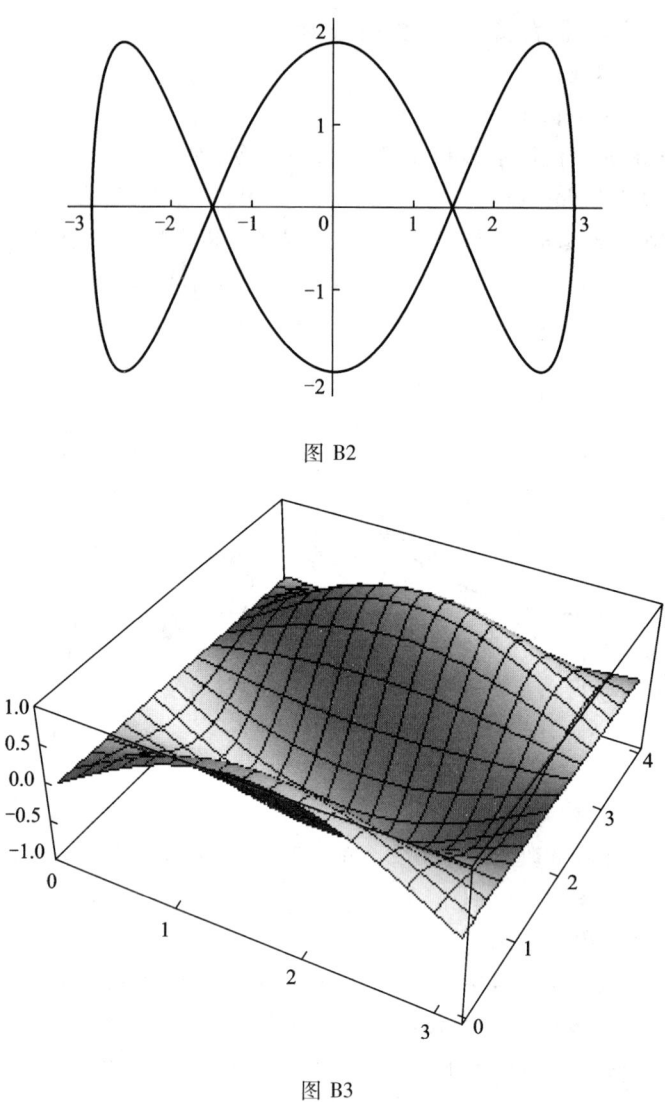

图 B3

3. Mathematica 在量子力学中的典型应用

3.1 量子力学中的常用函数

(1) 正交多项式

厄米多项式 $H_n(x)$ 的 Mathematica 形式为 `HermiteH[n,x]`,下面的命令给出前 4 个厄米多项式

```
HermiteH[{0,1,2,3},x]
```
输出的结果为

$\{1, 2x, -2+4x^2, -12x+8x^3\}$

下面的命令给出上述函数在区间 $[0,2]$ 内的图像

```
Plot[HermiteH[{0,1,2,3},x],{x,0,2}]
```
输出结果如图 B4.

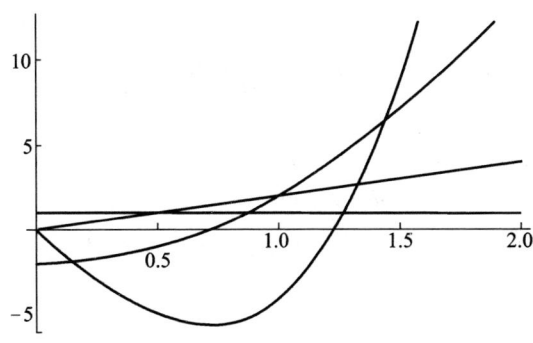

图 B4

拉盖尔多项式 $L_n(x)$ 的 Mathematica 形式为 `LaguerreL[n,x]`;连带拉盖尔多项式 $L_n^k(x)$ 的 Mathematica 形式为 `LaguerreL[n,k,x]`.下面的命令给出前 4 个拉盖尔多项式

```
LaguerreL[{0,1,2,3},x]
```
输出的结果为

$\{1, 2x, -2+4x^2, -12x+8x^3\}$

（2）勒让德多项式与球函数

勒让德多项式 $P_l(x)$ 的 Mathematica 形式为 `LegendreP[l,x]`;连带勒让德函数 $P_l^m(x)$ 的 Mathematica 形式为 `LegendreP[l,m,x]`;球谐函数 $Y_l^m(\theta,\varphi)$ 的 Mathematica 形式为 `SphericalHarmonicY[l,m,θ,ϕ]`.下面的命令给出球谐函数 $Y_2^1(\theta,\varphi)$ 的具体形式

```
SphericalHarmonicY[2,1,θ,ϕ]
```
输出的结果为

$$-\frac{1}{2}e^{i\phi}\sqrt{\frac{15}{2\pi}}\text{Cos}[\theta]\text{Sin}[\theta]$$

（3）柱函数

m 阶贝塞尔函数 $J_m(x)$ 的 Mathematica 形式为 `BesselJ[m,x]`;诺伊曼函数

$N_m(x)$ 的 Mathematica 形式为 `BesselY[m,x]`;第一、第二类汉克尔函数 $H_m^{(1)}(x)$ 和 $H_m^{(2)}(x)$ 的 Mathematica 形式分别为 `HankelH1[m,x]` 和 `HankelH2[m,x]`。

l 阶球贝塞尔函数 $j_l(x)$ 的 Mathematica 形式为 `SphericalBesselJ[l,x]`;球诺伊曼函数 $n_l(x)$ 的 Mathematica 形式为 `SphericalBesselY[l,x]`。下面的命令可以将前 3 个自然数阶的球贝塞尔函数展开为初等函数形式

`FunctionExpand[SphericalBesselJ[{0,1,2},x]]`

输出的结果为

$$\left\{\frac{\operatorname{Sin}[x]}{x}, -\frac{\operatorname{Cos}[x]}{x} + \frac{\operatorname{Sin}[x]}{x^2}, -\frac{3\operatorname{Cos}[x]}{x^2} + \frac{(3-x^2)\operatorname{Sin}[x]}{x^3}\right\}$$

(4) 狄拉克函数

狄拉克函数 $\delta(x)$ 的 Mathematica 形式为 `DiracDelta[x]`,其积分赫维赛德函数(单位阶跃函数) $\varepsilon(x)$ 的 Mathematica 形式为 `HeavisideTheta[x]`。下面的命令

`Integrate[DiracDelta[x],x]`

给出狄拉克函数的不定积分 $\int \delta(x)\mathrm{d}x$,输出的结果为

`HeavisideTheta[x]`

离散情况下的狄拉克函数 $\delta(i-j)$ 与数学中常用的克雷内克符号 δ_{ij} 等效,其 Mathematica 形式为 `KroneckerDelta[i,j]`。

3.2 傅里叶变换

(1) 傅里叶变换

函数 $h(x)$ 的傅里叶变换 $H(\omega)$ 为

$$H(\omega) = \frac{1}{\sqrt{2\pi}}\int_{-\infty}^{\infty} \mathrm{e}^{-\mathrm{i}\omega x} h(x)\mathrm{d}x \tag{B3-1}$$

它是新变量 ω 的函数,在 Mathematica 中傅里叶变换的命令为 `FourierTransform`,使用格式为 "`FourierTransform[原函数,原变量,新变量]`"。例如,对长度为 2,高度为 1 的方波

$$h(x) = \begin{cases} 1, & |x| < 1 \\ 0, & |x| > 1 \end{cases} = \varepsilon(x+1) - \varepsilon(x-1) \tag{B3-2}$$

进行傅里叶变换,命令语句为

`h[x_] = HeavisideTheta[x+1] - HeavisideTheta[x-1];`
`FourierTransform[h[t],t,ω]`

得到的结果为

$$\frac{\sqrt{\frac{2}{\pi}}\text{Sin}[\omega]}{\omega}$$

（2）傅里叶逆变换

傅里叶变换 $H(\omega)$ 的逆变换为

$$h(x) = \frac{1}{\sqrt{2\pi}}\int_{-\infty}^{\infty}H(\omega)e^{i\omega x}d\omega \tag{B3-3}$$

对应的 Mathematica 命令为 `InverseFourierTransform`,使用格式为 `InverseFourierTransform[新函数,新变量,原变量]`.例如,求像函数 $H(\omega)=1$ 的傅里叶逆变换,命令语句为

`InverseFourierTransform[1,ω,t]`

输出的结果为

$\sqrt{2\pi}$`DiracDelta[t]`

（3）傅里叶变换的参数设置

文献中常用的傅里叶变换有几种不同的定义,(B3-1)和(B3-3)只是 Mathematica 所默认的定义方式.为了便于不同习惯的人使用,Mathematica 提供了在傅里叶变换及其逆变换中选择定义方式的参数 `FourierParameters`.当我们在命令中设置参数 `FourierParameters->{a,b}` 后,Mathematica 将按照下面的公式来定义傅里叶变换及其逆变换

$$H(\omega) = \sqrt{\frac{|b|}{(2\pi)^{1-a}}}\int_{-\infty}^{\infty}e^{ib\omega x}h(x)dx, \quad h(x) = \sqrt{\frac{|b|}{(2\pi)^{1+a}}}\int_{-\infty}^{\infty}e^{-ib\omega x}H(\omega)d\omega \tag{B3-4}$$

例如,我国数学物理教材【21】常用的定义为

$$H(\omega) = \frac{1}{2\pi}\int_{-\infty}^{\infty}e^{-i\omega x}h(x)dx, \quad h(x) = \int_{-\infty}^{\infty}e^{i\omega x}H(\omega)d\omega \tag{B3-5}$$

需要在命令中把参数设置为 `FourierParameters→{-1,-1}`.

3.3 矩阵的本征值和本征向量

一个 2×2 矩阵 $\begin{pmatrix}a_{11}&a_{12}\\a_{21}&a_{22}\end{pmatrix}$ 的 Mathematica 形式为 `{{a₁₁,a₁₂},{a₂₁,a₂₂}}`,也可以用基本数学输入软键盘来输入,高阶矩阵的输入方法与此相同.

计算矩阵本征值的 Mathematica 命令为 `Eigenvalues`,计算本征向量的命令为 `Eigenvectors`,而命令 `Eigensystem` 可以同时求出一个矩阵的本征值

和本征向量.

例如,考虑矩阵 m = {{3,1},{1,1}},命令 `Eigenvalues[m]` 给出该矩阵的本征值 $\{2+\sqrt{2}, 2-\sqrt{2}\}$;命令 `Eigenvectors[m]` 给出该矩阵的本征向量 $\{\{1+\sqrt{2},1\},\{1-\sqrt{2},1\}\}$;命令 `Eigensystem[m]` 同时给出该矩阵的本征值和本征向量 $\{\{2+\sqrt{2}, 2-\sqrt{2}\}, \{\{1+\sqrt{2},1\},\{1-\sqrt{2},1\}\}\}$,要注意所给出的本征向量是未归一化的.

4. Mathematica 的运行

4.1 启动

假设在 Windows 环境下已安装好 Mathematica6,启动 Windows 后,双击桌面上的快捷方式,或在"开始"菜单的"程序"中单击图标 ,就启动了 Mathematica6. 如图 B5,在屏幕上方第一行为标题栏,标题栏的左边标明了正在处理的文件名,最右边是退出按钮;第二行为菜单栏,最常用的有文件菜单 File、编辑菜单

图 B5

Edit、运算菜单 Evaluation、工具菜单 Palettes 和帮助菜单 Help. 菜单栏左下方为 Notebook 窗口,供输入和输出用,系统把 Notebook 中的内容作为一个文件,暂时取名 Untitled - 1,直到用户重新命名时为止. 菜单栏右下方为基本数学输入软键盘,提供了进行二维输入的基本工具. 基本数学输入软键盘可以从工具菜单 Palettes 中,点击 BasicMathInput 来调取.

4.2 输入

按照 Mathematica 的语法要求,把命令输入到 Notebook 窗口中即可. 常用的输入方法有两种:一种是前面所介绍的直接利用键盘进行一维输入,另一种是利用基本数学输入软键盘进行二维输入(具体方法与 Word 中公式编辑器的用法相同).

4.3 计算

在输入完成后,按组合键 Shift + Enter,或在 Evaluation 菜单中选择 Evaluate Cells,也可以单击右键选择 Evaluate Cells,Mathematica 就会对所输入的命令按顺序编号,用 In[n] 标记,并进行检查. 如果有错误就进行提示,否则就开始计算. 计算完成后,Mathematica 会把得到的结果显示在 Notebook 窗口,并用 Out[n] 标记. 例如图 B6 所示.

图 B6

这时你可以继续输入下一条命令,也可以选择退出. 退出时 Mathematica 会提示你保存.

4.4 退出

单击标题栏上的退出按钮,或在菜单 File 中选择 Exit,即可结束本次运行,退出 Mathematica.

参 考 文 献

【1】 周世勋,原著.陈灏,修订.量子力学教程.2 版.北京:高等教育出版社,2009
【2】 曾谨言.量子力学(卷I).北京:科学出版社,1997
【3】 钱伯初,曾谨言.量子力学习题精选与剖析.3 版.北京:科学出版社,2008
【4】 喀兴林.高等量子力学.2 版.北京:高等教育出版社,2001
【5】 张永德.量子力学.2 版.北京:科学出版社,2008
【6】 裴寿镛.量子力学.北京:高等教育出版社,2009
【7】 张怿慈.量子力学简明教程.北京:人民教育出版社,1979
【8】 张三慧.量子物理.2 版.北京:清华大学出版社,2005
【9】 郭奕玲,沈慧君.物理学史.2 版.北京:清华大学出版社,2005
【10】 L. D. Landau,E. M. Lifshitz.非相对论量子力学.3 版.英文版.北京:世界图书出版公司,1999
【11】 (美)L. I. 席夫.量子力学.北京:人民教育出版社,1982
【12】 (德)费吕盖.实用量子力学.北京:科学出版社,2009
【13】 D. 特哈尔.量子力学习题集.北京:人民教育出版社,1965
【14】 倪致祥.Mathematica7 在数学物理中的应用.南京:南京大学出版社,2010
【15】 马涛,倪致祥,张德明.国内研究生入学量子力学考题选析.福州:福建教育出版社,1986
【16】 马涛,倪致祥,张德明,谈欣柏.量子力学.合肥:安徽科技出版社,1986
【17】 张宏宝.量子力学教程学习辅导书.北京:高等教育出版社,2004
【18】 史守华,张战军.量子力学考研辅导.2 版.北京:清华大学出版社,2007
【19】 A. A. Aavydov. Quantum Mechanics. Pergamon Press,1965
【20】 (美)大卫 J 格里菲斯.量子力学概论.2 版.贾瑜,等译.北京:机械工业出版社,2009
【21】 梁昆淼.数学物理方法.4 版.北京:高等教育出版社,2010
【22】 吴崇试.数学物理方法.北京:北京大学出版社,1999

郑重声明

高等教育出版社依法对本书享有专有出版权。任何未经许可的复制、销售行为均违反《中华人民共和国著作权法》，其行为人将承担相应的民事责任和行政责任；构成犯罪的，将被依法追究刑事责任。为了维护市场秩序，保护读者的合法权益，避免读者误用盗版书造成不良后果，我社将配合行政执法部门和司法机关对违法犯罪的单位和个人进行严厉打击。社会各界人士如发现上述侵权行为，希望及时举报，我社将奖励举报有功人员。

反盗版举报电话　　（010）58581999　58582371
反盗版举报邮箱　　dd@hep.com.cn
通信地址　　北京市西城区德外大街4号　高等教育出版社法律事务部
邮政编码　　100120

读者意见反馈

为收集对教材的意见建议，进一步完善教材编写并做好服务工作，读者可将对本教材的意见建议通过如下渠道反馈至我社。

咨询电话　　400-810-0598
反馈邮箱　　hepsci@pub.hep.cn
通信地址　　北京市朝阳区惠新东街4号富盛大厦1座
　　　　　　高等教育出版社理科事业部
邮政编码　　100029